小松 貴

カラー版

裏山

野にた

GS 幻冬舎新書 734

はじめに

幼いころの記憶というのは、年月が経つにつれて「古い宮殿の礎(いしずえ)が次第に土砂に埋没するように」消えてしまうものである。しかし、そんな記憶のうちでもなぜか特定の事柄については、断片的によく覚えている。そんなことは誰しも心当たりがあるのではないだろうか。

私の脳裏には、そんな断片的な記憶が、いくつも束ねられて保管されている。不思議なことに、それらはすべて生き物に関する記憶である。家ではじめて嫌いな野菜を我慢して食べた瞬間、それを待ちかねたように庭先で高らかに鳴いたカエルのこと。母に手を引かれて歩いた散歩道で、陽炎の燃え立つ路上の向こうをよぎったイタチのこと。そして、庭先の石を裏返してアリの巣を暴いたとき、逃げまどうアリどものなかに見つけたコオロギのこと。それらすべてがどうでもいいようなことばかりなのに、脳が忘れることを許さなかった。

そんな体験から30年近く経ったいま、何の因果か私は生き物の研究をして生活している。私は幼少期から、自分はたぶん虫の研究者として生きていくのではないかと、うっすら予想していた。それは言い換えれば、当時すでに将来の自分が生き物の研究以外のことをして生きている姿が、まったく想像できなかったからである。それほどまでに、私は幼いころから生き物が好きだった。

ただし、私は犬や猫、パンダや象など、テレビや本によく登場してみんなから愛される生き物は好きになれなかった。当時、それらの生き物は身近な場所で見ることができず、遠い別次元の存在に思えて親近感が湧かなかったのである。いわゆる「会いに行けるアイドル」ではないが、身近にいる何の変哲もない（そしてなぜか多くの人間が嫌がる）小さな生き物のほうが、私にとってはずっと愛すべき対象だった。そして、当時はいまとは違って、そんな身の回りの小さな生き物のことを調べられるような、子供向けの本がほとんどなかった。だから、近所の道端や裏山で見つけた虫が一体何者なのか、何をしようとしているのか。いまの子供なら、インターネットで即座に調べられるようなことさえ、さっぱりわからなかった。それが余計に、私を魅了した。「わからないことを、わかりたい」という、研究者を研究者たらしめる原動力が、このときに宿った。

そのため、いつもヘビやムカデやクモを嬉々として近所で捕まえて、家に連れて帰っては家族のひんしゅくを買ったものだった。そこに端を発するように、私は次第に周囲の人間たちとは異なる思考や言動を持つことに、一種のステータスのようなものを覚え始めた。デコレーションケーキよりカルピスの原液を寒天でただ固めたもの、洋楽やＪポップよりパソコンゲーム

（18歳未満購入禁止）主題歌のほうが、断然いい。気がついたときには、私は周囲の「普通」の人間たちからいちじるしくズレた価値観と常識を持った、奇怪な生き物となりはてていた。

本書はそんな奇怪な生き物が身近な裏山、はては異国のジャングルに住むもっと奇怪な生き物たちと出会い、戦い、そして愛し合った日々をつづった物語である。私の書く文章にはたびたび「擬人化」という、本来研究者を名乗る者が使ってはならない表現技法が出てくる。これに違和感を持つ読者もいるかもしれないが、しかし、私は『シートン動物記』の「ギザ耳坊や」の冒頭の言葉を借りて、この本のなかに登場する生き物たちが実際に私に言わなかったことは、何一つ書いていないことを断っておきたい。

なお、本書の原稿は、私が信州大学の研究員として長野県松本市に在住していたときに書かれたものである。そして、本書で使用されている霊長目ヒト科以外のすべての生き物の写真は、例外なく著者の撮影によるものである。

1. 新緑の裏山(長野). 未知なる異世界への入り口

2. アカネズミ *Apodemus speciosus*（長野）. 日本の本州の裏山では, 存在しないことなど考えられない動物. 植物のタネをあちこちに埋めて森を作る, そして自身がほかの肉食獣の餌になるという, とても重大な任務を背負った生き物

3. ビイロケアリ *Lasius japonicus* を攻撃するノミバエの一種（長野）. 最近著者により発見されたばかりの種で, 属すら不明. 日本での好蟻性ノミバエ類の研究は, 遅々として進んでいなかった. しかし近年になって, 著者を筆頭とする奇人たちの活躍により, 日本中の裏山で毎年のように未知の種が発見されている

4. シジュウカラ *Parus minor* の雛の背に寄生するヤドリトリキンバエ *Trypocalliphora braueri* の幼虫(長野). 幼虫期, 鳥の雛の皮膚に穴を開けて食い入る珍しいハエ. 囲み線部分に扁平なウジの腹端が見える. 親鳥がいない夜中, 裏山にかけた巣箱をそっと開けて中をのぞき, 発見した. 国内ではこれまで, 幼虫期の寄主としてアオジ *Emberiza spodocephala* のみが知られており, これが2番目の寄主記録となるだろう

5. ササの葉の裏につくアブラムシを保護し, それが出す甘露をもらうアズマオオズアリ *Pheidole fervida* (写真奥の赤い虫). その安寧をおびやかし, アブラムシを奪い去るために襲来するマエダテバチの一種 *Psenulus* sp. (長野). こうした狩人蜂の仲間は, 人里離れた深山幽谷よりも人里にほど近い里山において, 種数も個体数も多い

6. ノコメメクラチビゴミムシ属の未記載種 *Stygiotrechus* sp.（福岡）. 目のない地下性昆虫で, 大都市近郊の山で著者が発見した未知の種. その山は, 週末ごとに登山客でにぎわうほか, 幾多の昆虫学者がさんざん調べ尽くした場所. しかし, 彼らの目をことごとくすり抜け, この虫はこの21世紀の世まで, 私に発見されるのをそこでずっと待っていた. メクラチビゴミムシ類は身近な虫だが, 発見がとても難しい

7. 精霊スティロガステル *Stylogaster* sp.（ペルー）. 獲物を求め, ジャングルに攻め込むグンタイアリの群れ. それに追われて逃げ出すゴキブリを空中から襲う. グンタイアリの行列先頭から後方1～2mまでの範囲の, 上空50～60cmの空間にしかいない. 警戒心が異常に強いうえに飛翔速度がきわめて速く, 観察の至難さはあらゆる好蟻性生物のなかでもトップクラス. 「ある事」に気づかない限り, 至近まで近寄るのは絶対に不可能

(カラー版) 裏山の奇人／目次

空を飛ぶもの

第4章 裏山への回帰 213

DTP 美創

本書は２０１４年８月東海大学出版部より刊行された
『裏山の奇人─野にたゆたう博物学─』に
加筆・修正したものです。

第1章 奇人大地に立つ

いまからおよそ30年前、神奈川県で理由もわからずに生を享（う）けた私は、父の仕事の関係で日本各地を転々とする日々を送った。自我が目覚めた当時、近所に年の近い子供がいなかった私は、必然的に庭先の虫や小動物だけを相手に遊ぶようになり、やがてそれらをただのおもちゃ代わりから研究対象、そして人生のパートナーとして意識するようになっていった。

幼年期

第三種遭遇——アリヅカコオロギの話

研究者のなかには、幼少期に出会った生き物との触れ合いがその後の研究人生の原点となった人が少なくない。そして、私もその例に漏れない。

2歳のころ、私の家は静岡県内にあり、借家住まいだった。家の周りには、いわゆるカブトムシやクワガタのようなメジャーな虫がおらず、このころの私の虫採りは必然的に庭先の石の下にいる地味な虫が標的となった。陸貝の卵やムカデの艶めく美しさに心奪われる一時もあったが、家の周りの石はどれも小さくて、見つかる虫もたいてい小さく、面白みがなかった。そこで次に標的にしたのは、近所にある大家の庭だった。ここにはニシキゴイを放った池があり、

図1-1 クロヤマアリ *Formica japonica*（茨城）

周囲に踏み石として四角い石タイルが並べてあった。子供がイタズラして動かすにはやや大きかったが、設置されてから年月を経ており、いずれもひび割れていた。

ある日、これをひっくり返そうと思い、周囲の人の気配をうかがいつつ大家の庭に侵入した。そしてひびの入った石板に手をかけて動かすと、ひびに沿って石板が割れ、簡単に欠片を持ち上げることができた。その下の光景を見て、私は驚愕した。ものすごい数の黒アリの群れが滝のようにうねり、大量の白い幼虫や繭を地中に運び込んで隠そうとしていたのだ。いま考えれば、このアリはクロヤマアリ *Formica japonica* だろう［図1-1］。私はそのアリの数の多さ、その群れが1つの生物のように躍動するさまを見て、すっかり楽しくなった。さらに、この石板を元通り地面にはめ込んでおくと、地中に引っ込んだアリたちが翌日には懲りずに戻っていることもわかった。以来、私は毎日この石板を裏返し、アリが躍動するさまを眺めるようになった。そんなある日、いつものように石板の裏側のアリたちを見つめていたとき、私は奇妙な虫の姿を見たのだった。

それは3ミリメートルくらいの茶色く丸っこい虫で、強靭な脚を持ち、手でつかもうとするとすばやく跳ねて消えた。私ははじめて見るその姿に、はっきり見覚えがあった。アリヅカコオロギ *Myrmecophilus* sp. だ（おそらく現在のクボタアリヅカ *M. kubotai* に相当）。1歳くらいの部屋遊び時代にはよく家にあった昆虫図鑑を穴があくほど眺めていたのだが、そのなかに同じ姿の虫が載っていた。見開いた本の左ページ、ちょうどページの合わせ目に一番近い側に絵があった。ページの上段に虫の背面図が載っており、「とびいろけありなどの巣にいて、ありのからだをなめる」と書いてあったと思う。その背面図の下側に、アリの巣の坑道を歩くアリヅカコオロギの絵が劇画調に描かれていたことまで覚えている。

この虫は、アリの巣に勝手に侵入してアリから餌を盗みながら生きている、好蟻性(こうぎせい)昆虫の一種だ。知る人も多いだろうが、アリは一般的に体表面を覆う化学成分、つまり匂いによって、自分の巣仲間を区別している。匂いが同じなら仲間、違えば敵とみなして攻撃するのである。ところが、アリヅカコオロギはアリの体表を舐めるような仕草でアリの匂いを剥ぎ取り、それを自らの体表にまとう。これにより、周囲のアリに巣仲間と勘違いさせる（Akino *et al.*, 1996）という、「身分証偽造の達人」なのだ。石を裏返してアリの巣をあらわにすると、アリヅカコオロギはアリの群れのなかをしばらく右往左往し、やがてアリの巣穴の奥へと逃げ込んだ。不思議なことに、私がアリの巣を荒らした後でもきちんと石を元通りに直しておくと、奴らは翌日またアリたちとともに石の裏に出てきていた。いま考えると、このときこうしたアリヅカコオロギの習性を学んだことは、その後様々な好蟻性昆虫を効率よく採集するうえで、とても大事なことだった。

いまはなき学研の付録。当時私の家は『科学』をとっていたが、このシリーズには時々アリを飼育するためのキットがついてきた。そのたびに、調子に乗ってこの石板裏から働きアリだけ集めてきて飼育し、そのまま飼い殺すことを何度も繰り返した。そのときには、アリの「友達」としてかならずアリヅカコオロギを入れたものだった。アリヅカコオロギは体がとても軟弱で、手づかみにすると簡単につぶれて死ぬ。だから、一度その辺の落ち葉の上に追いやってから落ち葉ごと持ち上げて容器に移すという技術を、私は2歳にして習得した。「アリの巣を掘り返さねば採れない」と、しばしば著名な高齢の昆虫学者にすら思い込まれている好蟻性昆虫が、石を裏返すだけで簡単に採れることを、この2歳児は知っていたのだ。だが、そんな神童も、自分が二十数年後にそのアリヅカコオロギの研究で飯を食うなど想像もしていなかったことは言うまでもない。

鷺(サギ)と甲虫の思い出――コブスジコガネの話

物心がつくころになると、年に1、2回は静岡県内にある祖母の家（母方の実家）にも連れて行ってもらった。ここは、背後にうっそうとした森がひかえ、海と山を同時に楽しめる楽園だった。いまの私を研究世界へと向かわせた、原体験の場と言ってもいい場所である。祖母の家の裏には勾配のきつい山道があり、この道沿いに歩くだけでたくさんの虫に出会えた。父がなぜかここを「お化けの島」と名付けたため、私はいまもこの山をそう呼んでいる。

私が5歳くらいまで、祖母の家の周囲には空き地が多かった。そこで私はよく石を裏返して遊んだが、このときに高頻度でへんな甲虫を見たのを覚えている。体長1センチメートルほどで灰褐色、丸くて全身がゴツゴツした雰囲気だった。たいていは数匹で見つかり、スナゴミムシダマシ類 *Gonocephalum* sp. と一緒にいた。当時の私にはその正体がわからなかったが、触角の形からコガネムシであることだけは確信していた。手で摘(つま)んで嗅ぐとなんとも言えぬ腐肉臭を放つこの虫が、当時の私は嫌いだった。なので、石を裏返してこいつらを見れば、視界に一秒でも入れておきたくなかったため、すばやく摘んで遠くへ投げた。

いっぽう、当時の祖母の家の正面には、石灰岩でできた大きな岩山があった。普通の平屋建て1軒くらいの大きさと高さで、上部には低木が生い茂り、小規模ながらサギ類の繁殖コロニーができていた。上でくつろぐゴイサギ *Nycticorax nycticorax* やコサギ *Egretta garzetta* の横顔が、

図1-2 コブスジコガネ科の一種，ヘリトゲコブスジコガネ *Trox mandli*（群馬）

下からも見えた。夏の日には、この岩山の日陰で涼むのが近隣住民の習慣だったのだが、そんな景色はその後10年くらいの間にみるみる変貌していく。

自然の海岸は年を追うごとに埋め立てられて、次第に波打ち際が遠ざかった。空き地には一軒、また一軒と家が建っていった。そして、あの住民たちの憩いの場だった岩山が、ある年に完全に平らにならされ、流行らない民宿の駐車場になってしまった。そのころを境に、私はある異変に気づいた。あんなにたくさんいた謎甲虫が、パッタリ姿を消したのだ。スナゴミムシダマシは（少なくなったとはいえ）まだいるのに。祖母の家の周囲、まだ草地が残っている場所を、文字通り草の根をわけて探したが、まったく発見できなくなった。

それから相当な年月を経て、あの甲虫がコブスジコガネ科 Trogidae という腐肉食のコガネムシらしいこと［図1－2］がわかった。しかも、あの体サイズや生息環境から推測すると、どう考えても絶滅危惧種オオコブスジコガネ*Afromorgus chinensis*としか考えられない。コブスジコガネ類はサギ類のコロニーと強い関わりがあり、サギの食べ残しや死体を餌にする（塚本、1994）。祖母の家の近くからサギ山がなくなると同時にあの虫がいなくなったのは、十分納得できる。あれからはるかな年月が経ったいまも、私は祖母の家に行くたびに、あの虫を探し続けている。本当にあれがオオコブスジコガネだったのかを確かめたくて。しかし、奴らは私にさんざん投げられたのを根に持っているのか、いっこうに姿を見せる気配がない。きっともう永遠に見つからないのだろうとわかってはいるが、それでも探すのをやめられない。私があの虫のことを忘れたら、かつてあそこにオオコブスジコガネがいたことを知る者が、もうこの世にいなくなってしまうからだ。

なお、この漁村は現在過疎化がきわめて深刻化し、限界集落（嫌な言葉である）の烙印を押されつつある。サギが消え、コブスジコガネが消え、そして人さえ消えた後に、ここには何が残るのだろうか。

右の肩を叩くもの――アシナガバチの話

母方の実家は静岡県にあったが、父方の実家は福島県にあった。その父方の実家に行ったときのことだった。私は誰もいない田舎の農道を1人でうつむき、地面の虫を探しながら歩いていた。道沿いにはうっそうとしたヤブがずっと続いていたのだが、その道すがら、私は突然後ろから誰かにポンポンと肩を叩かれた。さっきまで人間の気配がまったくしなかったのに、誰が私の肩を叩くのかと思って立ち止まり、振り返ってみた。次の瞬間、私の目に映ったのは、巨大なハチの顔だった。文字通り私の目と鼻の先に、大きなアシナガバチ（キアシナガバチ *Polistes rothneyi* かセグロアシナガバチ *P. jadwigae* のどちらか）がホバリングして私を見据えていたのだ。驚懼（きょうく）のなかにも落ち着きを取り戻し、再び前方を見やった。すると、私の行く手には道の脇から枝が横に張り出しており、その枝にはなんと巨大なハチの巣がかかっているではないか。ちょうど私の目線と同じ高さだった。下を見ながら歩いていたので、全然気づかなかった。そのままあと2歩も直進していたら、間違いなくハチの巣に顔面から突っ込んでいただろう。さっき肩を叩かれたように感じたのは、私の接近を警戒したハチが、これ以上近付いたら攻撃するという「最後通告」として、私の肩に体当たりをしかけてきたせいだったのだ。普通ならば、ここでパニックを起こしてすぐ逃げるとか、退治するとかいう無粋な話になるのかもしれない。しかし、私は何より一刺しすればすむはずの状況下でこのハチが私を刺さず、あくまで体当たりで巣が目の前にあるのを気づかせてくれたことに、感激し、感謝した。アシナガバチは世間では危険だなどと言われるけれど、私は世のなかでこれほど親切な生き物はいないと思っている。ただ、これは経験則だが、こういう攻撃前の威嚇行動が発達しているアシナガバチはキアシナガバチやセグロアシナガバチのような大型種だけで、フタモンアシナガバチ *P. chinensis* やコアシナガバチ *P. snelleni* などの小型種は、巣を刺激すると何の前触れもなく襲ってくるように思う。

コラム●祖母の珍言

私は幼いころ、いまは亡き母方の祖母にはとくによくかわいがってもらった。その祖母が存命中に私に言い放ったいくつかの言葉は、いまだに忘れられない。

祖母は、生き物にまつわる珍奇な迷信、言ってしまえば「見てきたようなウソ」を、いくつも私に吹き込んだ。「ヘビはナメクジを何より恐れる。だから、家の軒に巣を作るツバメは、巣にヘビが近づきそうになるとどこかからナメクジを拾ってきて、口にナメクジをくわえたまま巣の前に立ちはだかる。そして、ナメクジをヘビに突き出して果敢に戦う」という話は、一時本気で信じてしまった。考えてみれば、地上でまともに行動できないツバメが、石や植木鉢の裏にいるナメクジを拾って来られるわけがない。古来の伝説では、しばしばヘビがナメクジに弱いという話が出てくるが、実際のヘビがナメクジを特異的に恐れるような現象は聞かないし、外国にはナメクジしか食わないヘビさえいるほどだ（例えば、Peters, 1960）。ほかにも、「トカゲの子の青い尻尾には猛毒がある」「マムシは口から子を産むので、秋の出産期には身の回りのあらゆるものに手当たり次第咬（か）み付き、毒牙を落とそうとするため危険」など。ある程度知恵がついてそれらの実際を知ったとき、「あの田舎者め、大ボラふきやがって……」と頭に来た。しかし、内容の真偽はともかくこの迷信により、人々は出産をひかえて気が立っている秋のマムシに用心するだろうし、弱いトカゲの子をいじめようとは思わないだろう。実際のところ、じつに理にかなった物語だったのだ。漁村の住民たちは、こうした事実無根な迷信の数々を21世紀の今日でさえ、かたくなに事実と信じて疑わない。昨今、中学2年生あたりの子供に見られがちな「世のなかすべてを斜に構えて、大人にさからうことで社会に一矢報いたつもりのさま」は、「中2病」と揶揄（やゆ）される。私もそれこそ中学2年生のころには、「どいつもこいつも実際見て確かめたわけでもねえくせに、あんたらが信じてるのは全部まやかしのデタラメだ！」と否定しまくったものだが、いまはさすがにそういう無粋なことはしなくなった。

切ない思い出もある。祖母の家の前には小さな畑があり、夏になるとおびただしい数のウマオイが鳴く。小学生くらいのある夏の日の夜、ウマオイの大合唱の最中に祖母が「最近、家の周りの自然がなくなったから、ウマオイが一匹も鳴かなくなった」と言い出し、私は「何言ってんだこの人は？」と一瞬我が耳を疑った。しかし、すぐに思い出した。ウマオイの声は周波数がとても高く（松浦、1990など）、年を取って耳が遠くなると真っ先に聞こえなくなってしまう虫の音であることを。祖母のその言葉を聞いた私は、この人は私とはまったく別の世界に生きているのだと思って、悲しい気分になった。

祖母は、我が家系の例（私を除く）に漏れずヘビが嫌いであった。中学生くらいだったある日、私が裏山の道路を歩いていたとき、道の真ん中にマムシを見つけ、このままだと車に轢（ひ）かれると思って棒で端によせてやった。そのことを祖母に話したところ、「ヘビに情けなんかかけるもんじゃない。そんなことしてっと、いつかヘビが女に化けてお礼参りに訪ねて来るぞ」と言われた。あれからかれこれ十数年、私の薄汚い下宿の四畳半に、切れ長の瞳でたおやかな美女が訪ねて来る気配はいっこうにない。村人が遊びに来るのを待つ『泣いた赤おに』の赤おにくんのように、美味い茶と茶請けを用意してわくわくしながら待ち続けているというのに、どういうことですかバアサン。

義務教育課程以後

「虫採り」から「昆虫採集」へ――いろんな蝶類の話

こうして、好き放題に1人で過ごした時代はいつしか過ぎ去り、5、6歳で私は社会の歯車になるための訓練所に放り込まれた。幼稚園への入園だ。それまで身内以外の人間といっさいのコミュニケーションを経なかった私は、まったくこの社会に馴染めなかった。休み時間にはひとり草むらで虫をいじり、早く帰りの時間が来るのを願う日々だった。虫にだけは詳しかった私だが、そんな才能はこの潔癖なカースト社会で己の誇示に何ら寄与しなかった。やがて幼稚園を卒園して小学校に上がったが、私を取り巻く状況はさほど変わらなかった。小学校時代はたびたび父親の仕事の関係で引っ越したが、いずれの土地でも志を同じくできる同年代の子供には出会わなかった。そのため、人間と遊んだ記憶はまったくなく、虫や小動物だけを遊び相手にした。

図1-3 ダイコクコガネ *Copris ochus*（九州）. 糞虫. 牧場の減少, 牛に投与する駆虫剤による影響のほか, 残念だが乱獲もたたり, 全国的に減っている

さいわい、私が小学校時代を過ごした土地は、いずれも自然環境はよかった。とくに、小学2年生から4年生まで過ごした群馬県のとある農村は、ほかはともかく環境だけは最高だった。家の周りは見渡す限り田畑で、農道沿いに転々と並ぶ牛小屋の側には、堆肥用の牛糞が積まれていた。これをほじくると、ときどき大きなコガネムシが出てきた。サイのような角を1本背負った種で、いま考えるとダイコクコガネ *Copris ochus* だったのかもしれないが、当時は興味もなかったので採らなかった［図1-3］。それまでの私にとって、虫採りとはただ虫を採る行為を純粋に楽しむこと、あるいは家に持ち帰って眺め、飼い殺すことだった。しかし、この土地で、私は人生のターニングポイントを経験することになった。

ある日、父から「お前に会いたいという職場の同僚がいる」と言われた。何でも、そのおじさんは根っか

図1-4 ジョウザンミドリシジミ *Favonius taxila*（長野）. 成虫は初夏に森で見られる

らの蝶マニアで、暇さえあればあちこちで蝶ばかり集めているという。父から私の話を聞かされたようで、私に興味があるらしい。知らない人に会うのは嫌だったが、とりあえず「今度の日曜に」ということになった。

その週の日曜、父の職場である自衛隊駐屯地に連れて行かれた。その敷地の片隅に、おじさんの職場である小さなプレハブ小屋は建っていた。そのなかへ一緒に足を踏み入れた瞬間、驚いた。部屋一面にぎっしりと標本箱が敷き詰められ、見たこともない様々な蝶の標本が収まっていたのだ。すべて日本産種だったが、それでも当時の私が図鑑でしか見たことのない種ばかりだった。なかでも感動したのは、ミドリシジミ類だ［図1―4］。図鑑ではただ緑1色で載っているが、まさかあれがこうもメタリックに輝く色だなんて、現物を見るまで知らなかった。私はすっかり蝶の美しさ、そしてそれを自力で集めたおじさんのすごさに魅了された。おじさんは、学生時代に「生物部」の「蝶班」だったそうで、野外での越冬幼虫や卵の発見、室内飼育などお手の物だという。

やがて、私はこのおじさんと一緒に虫採りに出るようになった。よく行ったのは、自衛隊の敷地内にある軍事演習場だった。演習場というのは常に草木が短く刈られており、草原性昆虫にとって絶好の生息環境となっている。現在、日本の絶滅危惧種の蝶の多くは草原性の種で、このように植生遷移[*]が更新され続け、一般人の立ち入りづらい環境は、彼らにとって貴重な生息場所だ。私にとって父が自衛隊関係者で、それゆえその演習場内に大手を振って入れることは、この家の子でよかったと思える唯一にして最大の特典である。

草原を歩くと、いろんな生き物が飛び出す。茂みからスズメのような丸っこい鳥の群れが低空で飛び立ち、すぐ降りて走り去る光景を幾度となく見た。近年では非常に珍しい野生のウズラだ（ウズラは毎年国内で放鳥されているので、純粋な野生個体かは不明）。足下に生える豆は、ツマグロキチョウ *Eurema laeta* の食べるカワラケツメイ *Chamaecrista nomame*。葉がギザギザで、赤くて丸い花をつけるのが、ゴマシジミ *Maculinea teleius* の食べるワレモコウ *Sanguisorba officinalis*。蝶の名前とともに、その食草も覚えた。それまで植物に興味はなかったが、虫を採るには植物も知らねばならないのだ。

おじさんは蝶の標本作りも上手で、私も彼からいくつかの蝶をもらって練習した。そのなか

図1-5 ウスイロオナガシジミ *Antigius butleri*（北海道）．森に住む．採りにくい

には、珍種ウスイロオナガシジミ *Antigius butleri* も交ざっていた［図1－5］。当時の私ではうまく翅（はね）を展（ひろ）げられず、ボロボロにしてしまったが、いまでもこのボロ標本は大切に保管している。おじさんのすごいのは、一つ一つの標本にかならず「いつ、どこで採ったか」がわかる紙を付けていることだった。「ラベル」である。ラベルがなければ、どんな美しい標本もただの死骸だ。「昆虫採集は虫の命をいただく道楽だから、記録をきちんと残すことが虫への供養になるんだ」と、おじさんは言った。だから、私はそれ以後、意味もなく漫然と虫を採るのをやめた。虫を採ったら、かならず標本として記録に残そうと決めたのである。虫のこ

＊ある場所の植物の種が時間経過とともに別の植物種にとってかわられること。日本では何もない裸地はいずれ草原となり、森にかわるが、人が草刈りなどをすると植生遷移が止まり、草原が森に移行しなくなる。「更新され続け」より「止められ続け」がより正しい。

とを「科学的」に見つめるきっかけとなった、人生の分岐点であった。

金色の僕(しもべ)――スズメバチの話

小学校の中学年からは、埼玉県に引っ越した。ここでは、高校卒業までのおよそ10年間を過ごすことになった。

私は学校から帰ると、毎日近所の緑地公園に行って1人で虫を採って遊んだ。街中(まちなか)の公園だったが虫の種は多く、季節により標的は変わった。冬はエノキの下でゴマダラチョウ *Hestina persimilis* の越冬幼虫［図1-6］を探したり、ウスバフユシャク *Inurois fletcheri* の交尾を見たり。夏によくやったのは、スズメバチを使った「使い魔遊び」だった。夏、園内のツツジの植え込みにヤブカラシ *Cayratia japonica* が繁茂するのだが、この花の蜜を求めて多くのハエと、それを狩るコガタスズメバチ *Vespa analis* が飛来する［図1-7］。このハチに、餌を渡して手懐(てなず)けるという遊びである。

あらかじめ周辺の草むらで大きめのエンマコオロギ *Teleogryllus emma* を捕らえておき、ハチの来る茂みで待ち伏せる。ハチが飛来したらこれを手で持って差し出す。すると、ハチは素早く私の手に止まり、コオロギをその場で咬み殺して肉団子にする。ハチが手の上で肉団子を作っている間に、なるべく茂みのそばの開けた道路や芝生に歩いて移動しておく。ハチは肉団子

図1-6 ゴマダラチョウ
Hestina persimilis の幼虫（埼玉）. 越冬中. 頭部に角を2本持つ

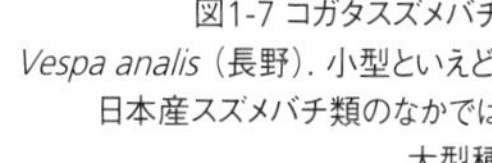

図1-7 コガタスズメバチ
Vespa analis（長野）. 小型といえど, 日本産スズメバチ類のなかでは大型種

を持ち運べるサイズに調整すると、やがて私の手から飛び立つ。常に顔をこちらに向け、ゆっくり螺旋（らせん）を描いて私の周りを飛びながら上昇する。まだ私の手に残っている肉団子の残骸を取りに戻ってくるつもりなので、私の顔、体勢、立っている地形を「餌場」として正確に記憶しているのだ。高さ5メートルくらいまで上昇すると、巣の方向へ一直線に飛び去る。それからおよそ5分後、またあのハチがここに戻ってくる。そうしたら、最初にハチに餌を渡した場所に立ち、餌を渡したときの体勢を取る。これにより、ハチは私を「餌場」と再認識し、また私の手のひらに舞い降りるのである。先刻と同じ個体か否かは、触角の欠け方や翅のたたみぐせですぐにわかる。つまるところ、これは長野県でクロスズ

メバチ *Vespula flaviceps* の「ハチの子」をとる人々が、ハチに魚肉を持たせてその跡を追い、巣の場所を突き止める「スガレ追い」の追わないバージョンである。

この遊びで重要なのは、獲物のサイズだ。スズメバチは、基本的に自分が見つけた餌は自分で全部回収せねば気がすまない習性を持つ。最初に1度で運びきれる量の餌を渡してしまうと、ハチは二度と戻ってこないが、エンマコオロギの終齢幼虫以上の個体なら、二度三度取りに戻らないと全部回収できない肉量なので最適である。これを繰り返すと、やがて餌を持っていなくても私がそのヤブカラシの茂みの周辺にさえいれば、この個体は餌をねだって私につきまとい、周囲をホバリングするようになった。私がスッと手を差し出すと、ハチは何も持っていないその手に止まり、餌がないか調べる。その様子が可愛くて仕方がなかった。しかも、ある個体はその後餌をいっさいやらなかったのに、1週間弱は毎日そこで私の姿を見れば私のもとに飛んできて、餌をねだる行動を示した。彼らの記憶力はかなり優れているように思えた。

道行く通行人は、こんな遊びをしている小学生を見て何を思っただろうか。

5時からシャンタク鳥――コウモリの話

この埼玉の町に住みはじめて一番驚いたのは、街にコウモリがいることだった。夕方になると、おびただしい数のアブラコウモリ *Pipistrellus abramus* が空を舞う［図1-8］。別に珍しい動

図1-8 アブラコウモリ *Pipistrellus abramus*（長野）. 民家のわずかな隙間に住み着く

物ではないが、当時はじめてコウモリという生き物を見た私は、いたく感激した。同時に、頭上をあんなにたくさん舞っているその獣たちに、道行く通行人たちが何の関心も示さずにいることに、うすら寒い不気味さも抱いた（後に沖縄で、カラスほどもある巨大なオリイオオコウモリ *Pteropus dasymallus* が街中を飛び回っているのに地元の人たちが普通に生活しているのを見たときにも、同じ感覚を持った）。その後1週間くらいは、寝ても覚めてもコウモリのことだけ考えた。動くものを追わずにはいられない私は、どうしてもコウモリを手に取りたくて、毎日夕方にはタモ網片手に外へ出かけた。なお、いま日本のコウモリは鳥獣保護法という法律で保護されており、勝手に捕ることが許されない。しかし、何しろ昔の小学生の所業ゆえ、大目に見ていただきたい。個人的には、せめて個体数が多く、当座は乱獲されても絶滅する気配のないアブラコウモリくらいは、自己責任で自由に捕らえて手に取れるくらいの大らかさがこの国にあってもいいと思うのだけれど。*

夕闇迫る近所の公園を歩くと、区画によりコウモリが高く飛んだり低く飛んだりすることに気づき、低く飛ぶ区画を見つけ出してそこで待ち伏せた。周囲を高木で囲まれた狭い道路が好適地で、街灯があればなおよい。コウモリは虫より賢く、機動性に富む。そして何より、超音波という高性能レーダーを搭載しているため、網をただ振り回すだけでは捕れなかった。そこで、向こうから飛んできたら一瞬目の前でやり過ごし、真後ろから網を被せると、うまく捕れることがわかってきた。コウモリは超音波を前方に向けて放つはずなので、後方の警戒はお留守なのだろう。手に取った小さな獣は点のようなつぶらな瞳と、それに似合わぬ鋭いキバを持つ魅力的な動物で、とくに翼の皮膜の手触りが好きだった。この調子で、ここに住んだ10年間で何十匹のコウモリを取り押さえたかわからない。捕らえたコウモリは、しばらく手で弄んだあと、ふたたび夕暮れの空へ返してやるのが常だった。コウモリの体表には、吸血性のクモバエ *Nycteribiidae* やコウモリバエ *Streblidae* といった奇怪な虫が付くことが知られるが、私が見た限りではアブラコウモリの体表には、いずれの個体にもダニしかいなかった。

コウモリの飛ぶ空に小石を投げると、落ちる小石をコウモリが追い、途中まで一緒に地面に落ちかける。小石を餌の虫と勘違いし、捕まえようとするためだ［図1-9］。そこで、本物の

図1-9 釣り糸の先に綿埃をくくりつけて振り回すと，コウモリが食い付く．しかし，すぐだまされなくなる．もちろん釣り針を付けるような無粋はしない（長野）

虫を投げたらどうなるのかと思い、日没前にその辺の草むらでヤマトシジミ *Pseudozizeeria maha* をたくさん集めてビニール袋に入れ、コウモリが低空で飛ぶ場所まで持っていった。コウモリが向こうから飛んできたとき、素早く袋のなかから1匹の蝶を取り出して空へ放った。すると、私の頭上を通り過ぎるかに思えたコウモリが素早く身を翻し、空中で蝶をキャッチして飛び去った。ハラハラと舞い落ちる4枚の蝶の翅を残して。これが面白くて、しばらくはコウモリに餌を与える日々が続いた。どのくらいの大きさの虫までなら採れるかと思い、いろんなサイズの虫をコウモリに投げた。私の実験では、コウモリはセスジツユムシ *Ducetia japonica* ［図1－10］くらいになると採れなかっ

＊昨今のコロナ禍を例に挙げるまでもなく、人と野生の獣の接触が原因となる病気がこれだけ蔓延している世にあっては、こんな能天気なことも言えなくなってしまった。

図1-10 セスジツユムシ *Ducetia japonica*（長野）. か細い声でチキチキチキジー……と鳴く. よく飛ぶ

た。[*] コウモリは、投げられた後空中を一直線に飛ぶツユムシに付きまとうように10メートルほど追尾したが、ツユムシが逃げ切った。一度、頭上に投げた餌を空中で捕まえ損ねたコウモリが、バランスを崩して眼前に落ちそうになった。とっさに手を伸ばしたら、指先がコウモリの翼にかすった。ハッと思った刹那、コウモリはもう飛び去っていた。

小学校の図工で、「自分が一番輝いている瞬間」を版画にするという授業があった際、私はこのコウモリとの戯れを版画にした。すると、担任の先生が大いに私を褒めた。褒めたのは版画の出来ではなく、その内容である。その後、母親を交えた学校面談のときに、先生は私の版画を持ち出して嬉々として母親に見せ、「彼のこういう才能は、絶対に伸ばしてください」と念を押した。この先生は、私が生涯出会ったどの義務教育過程の教員よりも私の能力、才能を認め、伸ばそうとしてくれた人であった。

愚者の実験——スズメの話

中学生になっても、私は近所の公園で虫や小動物と触れ合う以外に世の中を楽しむ術(すべ)を知らなかった。このころになると、私は鳥に関心をもつようになり、方々で鳥にちょっかいを出すことに至福を覚えるようになった。たいていの鳥は二足歩行恐竜に姿が似ているので、これを追い回すことで恐竜を征服した気分を味わえたのだった。当時、私の行きつけだった公園に限ったことではないが、街中の公園というのは往々にしてスズメ *Passer montanus* やムクドリ *Sturnus cineraceus*、ヒヨドリ *Hypsipetes amaurotis* がたくさんおり、これらはたいてい餌付けされているため人が寄ってもすぐには逃げない。珍しい種の鳥などそうそう見かけないが、私にとっては恐竜の姿をした野生の生き物が間近に見られるだけでも十分楽しかった。人の多い場所には行きたくない私も、わざわざこれら恐竜たちを観察するため、街中の公園に行くことが少なくなかった。

公園で見られる鳥のなかでは、もっとも大型でなおかつ普通にいるカラスが一番好きなのだ

＊体長40ミリメートル程度。

図1-11 スズメ *Passer montanus*（長野）

が、同じく普通にいるスズメも負けず劣らず好きな鳥だった［図1-11］。公園に来た家族連れなどがハトに餌を撒くと、そのおこぼれにあずかろうとたくさんのスズメが集まる。こういう状態のスズメの見ている前で何かを撒くふりをすると、実際には何も撒いていなくてもスズメたちがだまされて集まってくることに、私は気づいた。そして、同時に疑問に思うことがあった。カラスは非常に賢い鳥だと言われているが、スズメはどれほど賢いのだろうか。それを確かめるべく、こういう実験をしてみた。

人が集まる公園の広場の脇で、たくさんのスズメがとまって休んでいる木を見つける。そこに、あらかじめその辺で拾ったただの枯れ葉を握りしめて近寄る。そして、スズメからよく見える場所に立ち、手に持った枯れ葉を細かくちぎってパッと撒き散らす。すると、スズメたちは餌が撒かれたと勘違いして、一斉に地上に舞い降り、私が枯れ葉を撒いた辺りを必死に探しまわる。当然だが餌はどこにも見つからない。やがて、スズメたちはそこにいる意義を見出せなくなり、もとの木の上に三々五々舞い戻る。こうして全員が地上から撤収したのを見計らって、ふたたび手に握った枯れ葉の屑をパッと撒く。すると、今度こそ本当に餌が撒かれたと勘違いしたスズメたちがまた地上に降りてくる。そして、無駄な探索をして失望し、また木の上に戻る。そしたら、また枯れ葉の屑をパッと撒き……というのを延々繰り返し、何回目でいい加減スズメがだまされて降りてこなくなるかというのを試した。

結果は驚くべきもので、同じ場所でほぼ同じ個体を相手に5分間、立て続けに14回繰り返したのに、14回全部だまされて降りてきた。どれだけ学習能力がないんだろうか。いや、学習能力以前に、公園のスズメは人間が腕を振りかぶる動きと、それに続く細かい物体の散乱という視覚刺激を受けると、反射的に餌が撒かれたと認識するよう条件付けされてしまっているのかもしれない。途中で不憫に思えて実験をやめたが、続ければおそらくずっとだまされ続けただろう。

高校生になっても、やることは変わらなかった。それでも3年次になると、来るべき大学受験に備えてひたすら予備校通いの日々だった。しかし、どんなに忙しかろうと、私は生き物との逢瀬だけは絶対にやめなかった。休日には近所の公園でコウモリに餌をやったり鳥をいじめたりして、憂さ晴らしした。お察しの通り、私はあまり賢くない。ストレスで耳の鼓膜がおかしくなるほど勉強したが、その果てに臨んだセンター試験の結果はじつに面目ないものだった。その後で受験した7つほどの大学は軒並み落ちたが、まぐれでたった2つだけは受かった。ひとつは神奈川県の某私立大学。もうひとつは、模擬試験の結果では限りなく望みの薄い判定をされていた長野県の国立大学、信州大学である。私は、郵送されてきた合格通知を手にした瞬間、ついに発狂し、何か訳のわからぬことを叫びつつ、家の床をゴロゴロ転げ回った。大学に受かったことが嬉しかったのではない。受験戦争から解放され、また心置きなく虫が採れることに感激したのである。

第2章

あの裏山で待ってる

2001年の4月、信州大学理学部生物科学科に入学し、私の住処は長野県松本市となった。入学後しばらくは、休日や授業の合間に大学周辺を自転車で巡る状態が続いた。そして、足繁く通えそうなフィールドを品定めしたのだった。大学では、今日この授業が終わったら行く場所、狙う虫、引きちぎる枝、裏返す石のことだけを夢想した。当然、誰かと一緒に行くはずもなく、私は1人でフィールドに行って生き物と戯れた（のちに、たまの遠出に車を出してくれる程度の友人はできたが）。後述するが、4年次の研究室配属までは、授業の合間には常に大学の裏山にいた。私にとっての学校は信州大学なのか裏山なのか自分でもわからなくなるくらい、すさまじく長い時間を裏山で過ごした。一秒でも長くフィールドの生き物と触れ合うため、大学の授業はギリギリ卒業必須分の単位が取れる程度まで減らしたのである。そんな生活は、ナチュラリストとしての私をますます鍛えるとともに、人間としての私をますますダメにしていくのだった。

大学生活後半からは、本格的に生き物の研究に没頭していくことになった。そのなかで、私は幼いころに出会った、アリの巣に住むあの不思議な生き物を見つめ直すのである。

小松友人帳

詐欺まがい作戦——カエルの話

入学したころ、私がとくに頻繁に足を運んだのは、山沿いの田んぼだった。大学の東には水田地帯が広がり、例年入学シーズンを少し過ぎたころに田植え作業が始まる。その水田地帯を抜けるとすぐに大きな裏山がひかえており、そこへ向かう道すがら、田起こしした水田に水を入れている様子が見られる。それから数日も経てば、水田のあちこちでカエルの声が聞こえるようになるのだ。とくに夜、日が落ちてからは、人のしゃべり声が聞き取りづらいほどの大合唱となる。喉をふくらませて大声で鳴くカエルを見ていると、これから生命の躍動する季節がはじまるのだと思って、気分が高揚したものだった。

この地域の水田で一番多いのはニホンアマガエル *Dryophytes japonicus* [図2−1] だが、トノサマガエル *Pelophylax nigromaculatus* も多い。ただし、松本市近辺で見られるトノサマガエルは、ほとんどダルマガエル *R. porosus* との交雑個体になってしまっているらしい (Shimoyama, 1999 など)。より山手のほうに行くと、段々になった谷津田(やつだ) (谷地にある田んぼ) があり、ここではシュレーゲルアオガエル *Rhacophorus schlegelii* が多くなる。「ココココッ」という、木琴ともカ

図2-1 ニホンアマガエル *Dryophytes japonica*（長野）

スタネットとも付かぬ声は、耳に心地よい。たくさんの個体が合唱するのを聞けば、心まで弾んでくる。私は、このカエルの姿を見てみたくなった*。

ところが、シュレーゲルアオガエルは声こそあちこちからすれど、探してもまったく姿が見えない。それもそのはず、このカエルは水田の畦（あぜ）の土中に穴を掘り、そのなかで鳴く習性があるからだ。しかも、このカエルはアマガエルなどに比べて恐ろしく人の気配に敏感である。鳴き声の出所に近寄ると、だいたい10メートルくらいまで距離を詰めたところで鳴き止んでしまう。しばらく動かずにいると鳴きはじめるのだが、接近を再開するとまた鳴き止む。そして不思議なことに、接近すればするほど鳴き止んでから鳴きはじめるまでの時間が長くなるのだった。鳴き声の出所ギリギリ手前まで接近すると、いつまで経っても鳴きはじめない。こちらはピクリとも動かず、コトリとも音を立てずにいるのに、向こうは何らかの方法で私がそこにいることに気づいているらしいのだ。こちらがしびれを切らして立ち去ると、数メートル離れた辺りでまた鳴きはじめる。奴は千里眼でも持っているのだろうか。

私は幼いころ、とあるナチュラリストが同様にシュレーゲルアオガエルに翻弄された話を本（たねむら、1987）で読んでいた。その人は、このカエルの「妖術」を攻略するため、面白い方法を考え出したのである。すなわち、カエルが鳴いているところへ誰かと2人で近寄り、そのうち1人がそこへ留まり、もう1人がそのまま歩き去るという方法である。歩き去る足音を聞かせて、そこから人間が立ち去ったようにカエルに思い込ませるのだ。その結果、見事にカエルはだまされて鳴き出し、その人は地中からカエルをつまみ出すことに成功したと書いてあったように思う。残念ながら、当時の私にはそんなくだらないことに付き合うよう、気安く頼める人間がいなかったので、みずから一人二役を演じてみることにした。

まず、鳴き声が聞こえる場所までめいっぱい接近した。そして一息ついてから、その場で高

＊私がなぜ姿を見ていないのにシュレーゲルアオガエルだとわかるのかというと、1～2歳の頃、自宅周辺の水田でこの声を再三聴きながら育ったため、カエルの声であること自体は幼少期から知っていた。小学生の頃、テレビの自然番組でたまたまこれが鳴いているシーンを観て、シュレーゲルアオガエルという種名とこの鳴き声が結びついた。

図2-2 シュレーゲルアオガエル *Rhacophorus schlegelii*（長野）

らかに足踏みをし、だんだんその足踏みを鎮めていき、そして止めた。いま、奴は私がその場から歩き去ったと勘違いしているに違いない。息を殺して、じっと待ち続けた。しかし、なかなか鳴きはじめなかった。やはり、2人でやらないとカエルをだませないのか？

そう思いはじめたとき、なんとカエルが鳴きはじめたのである。そこで、私はすかさず鳴き声の出所の地面に指を突っ込んだ。やわらかい畦の泥を指先で探ると、地中のある場所に空間があるのがわかった。そのなかに泥ではないぬめっとした感触を得て、「これだ！」と思って握りしめ、泥だらけの拳を開いて見ると、なかにはしっかりとカエルが収まっていた［図2-2］。

大学の周辺において、シュレーゲルアオガエルは、春先の繁殖期には水田にたくさん集まって鳴くが、それ以外の時期にはほとんど姿を見かけない。アマガエルは繁殖期以外でも水田の畦の草むらに多いのに、シュレーゲルアオガエルはまず見ない。おそらく、森の樹上のかなり高いところで過ごしているのだと思う。それを反映するように、いくら水田ばかり広がっていても、ある程度の規模の山林が隣り合う立地でなければ、繁殖期でもシュレーゲルアオガエルの声は聞こえてこない。考えてみれば、この種に限らず繁殖期以外のカエルが野外で何をして過ごしているかについては、わかっていないことのほうが多い。この21世紀になって、日本全国どこにでもいるアマガエルですら、越冬場所を見つけただけで簡単な論文のネタになるほどなのだ（坂本ら、２０１３）。

たったいま水田で握りしめたこの小動物は、この水田へ来る前にどんな景色を見ていたのだろうか。そんなことを、夜露に濡れた田んぼの畦でひとり考えた。

コラム●地元と生き物

私は、大学の裏山にいくつもの「自分専用フィールド」を見出した。そのうちの一つは、これまでの人生で日常的に出入りしたフィールドとしては、特筆すべき秀逸な場所となった。

ここには、随所に「貴重な昆虫の保護・管理をしているため、採集を禁じる」という看板が乱立している。しかし実際には、ここで虫の保護管理なんて誰もしていない。一昔前、都会から来た多くの虫マニアが虫を採るために山の木を勝手に切り倒したり、田畑を踏み荒らしたりなどの悪行を働いた。これを嫌がって虫マニアを締め出すために看板を立てた、とのちに地元の人から直接聞いた。かつて昆虫採集のメッカとうたわれた（そして現在もそうであると、他県の虫マニアたちは信じている）長野県ではありがちな光景だが、珍しい虫の発生時期に限って都市圏から大挙して車で乗り付け、捕虫網片手に山道を占拠する虫マニアの集団は、地元の人たちにとっては見ていて気分のいいものではない。

しかし私は、どうしてもここの人たちに認められ、この素晴らしい森で虫を自由に採りたかった。そこで、私は最初の1年間、網を持たずにカメラだけ持ってこの山に通った。そして、自由な時間にはずっとこの山にいるようにした。1日に朝、昼、夜の3回は山へ出かけた。なるべく長時間、自分の姿を地元の人たちにさらし、私がただ珍しい虫を乱獲しに押しかけているだけのマニアでないことを態度で示したのである。最初は遠くで不審そうに見ていた人たちも、やがて私のことが無視できなくなり、野良仕事の合間に一人また一人と私に話しかけはじめた。話すことで、私が何者なのかを理解してもらえた。やがて、口コミで私の正体が広まり、私が何かをしていてもとくに気にする人はいなくなった。私の調査に、好意的に協力してくれる人もできた。そんなことを10年以上続けたいま、この山で網を持って歩いていても、少なくとも私だけは地元の人たちから嫌な顔をされることはもうない。心置きなく採集させてもらえるようになったおかげで、私は後述のように、ここで国内未記録のノミバエをはじめ、これまでこの国で誰一人見つけられなかった数々の未確認生物を発見することになる。

私は、虫採りでもフィールド調査でも一番重要なのは、いかに地元の人たちに「赦されるか」だと思う。人嫌いな私だったが、それでも自分が使わせてもらうフィールドでは、地元の人をけっして敵に回さぬよう振る舞うのを徹底した。敵に回せば、結局自分が本来の目的を果たせず損をするから。田舎に行くと、どうしても排他的な雰囲気の人間はいて、こちらに対するその言動に腹が立つことも多い。でも、こちらが常によそからお邪魔させてもらっている立場である以上、どんな状況下でも地元の人の側に絶対的な正義がある。「地元の人たちの嫌がることはしない」は鉄則だ。熊谷・安田（2010）が言うように、地元の人たちに嫌われたら、それはそこの生き物に嫌われたも同然である。

異形の戦士──アリグモの話

大学の西方には、雑木林に囲まれた墓地がある。ここも、気軽に行けるうえにいろんな生き物を観察できる優れたフィールドであった。初夏、ここの墓地の周囲にあるササ藪を歩くと、やたら目に付く虫がいる。アリグモ *Myrmarachne* sp. である。

アリグモ属はハエトリグモ科 Saltcidae の一群で、日本には数種が分布する。いずれも、見た目がアリにとてもよく似ていることで有名なクモである。慣れれば、本物のアリとはあきらかに立ち居振る舞いが違うのですぐ区別できるが、遠目に一瞬見ただけでは誰もがアリと勘違いするに違いない。このクモがどうしてアリそっくりな姿なのかについては、昔から多くの研究者により議論されてきた。私は、アリに見た目を似せることで、クモ自身が捕食者の的にならないようにする「ベイツ型擬態」であるという可能性が一番ありえると思う。アリは臭い蟻酸や強力なアゴを持っており、たいていの捕食動物はこれを食べたがらないからだ。しかし、実際にアリグモがアリに似せることで捕食者から逃れているか実験的に示した研究は、驚いたことにほとんど例を聞かない。擬態という現象は、証明がとても難しいのである。

ササ藪のアリグモたちを見ると、どの個体もたいてい1枚のササの葉に1匹で陣取り、縄張りとしているようだった。アリグモを見ていて不思議に思ったのは、雄と雌とで姿形がまったく違うことだ。雄は雌にはない長いキバがあり、その結果どちらかというと雌のほうがよりアリに似て見える。キバが雌にはなくて雄にはあるということは、このキバは雌をめぐる雄同士の戦いに使うのだろうという予想はすぐについた。ハエトリグモ科の仲間は雄が縄張りをかまえ、侵入してきたほかの雄とユニークな戦いをすることで知られる。お互いに腕を広げて大げさな動きをし、自分を誇示して相手の戦意をそぐのである。クモのなかでも例外的にすぐれた視力を持つ彼らは、身振り手振りで仲間に対して意思表示することができるのだ。

日本のある地域では、雄のハエトリグモ同士を戦わせる遊びがある。私は、この要領で雄のアリグモ同士を戦わせることができるのではないかと思いついた。実際に戦わせれば、雄だけにあるあの長いキバがどう役に立つのかがわかるはずだ。そこで、私はササ藪を見渡して、ある1枚の葉の上に陣取る1匹の雄（以下、メタトロン）に目を付けた。それから、私はもう一度ササ藪を見渡し、別の雄（以下、サンダルホン）を探し出した。そして、落ちていた枯れ葉を拾ってこれにサンダルホンを乗り移らせ、そのままメタトロンのいるササの葉に止まらせた。この時点では、私は彼らの行為がいかほどのものかを、根本から過小評価していた。

サンダルホンがメタトロンに近づいた。すると、メタトロンが侵入者に向き直った。その途端、メタトロンは胴体を高く上げ、一番前の脚（第1歩脚）をバンザイするように振り上げた。それに呼応してサンダルホンも同じ体勢になり、双方はバンザイした脚をピリピリ振るわせながらにらみ合った。前の脚を振り上げるポーズは、他種のハエトリグモにおける雄同士の戦い

図2-3 アリグモ *Myrmarachne* sp.（長野）．a：雄の「第1形態」．腕を振り上げるだけ．b：雄の「第2形態」．キバを最大限に広げる．c：雄の取っ組み合い．キバ同士を組み付かせているだけなので，互いに致命傷を負うことはほぼない．d：雌．長いキバはない

でもよく見られる。なので、私はてっきりアリグモの場合も、この体勢のままにらみ合って争いが終わるのだと思っていた。ところが、次の瞬間私が見たものは、この世のものとは思えない代物だった。バンザイをしていた双方のアリグモが、突然見たことのない生物に姿を変えたのだ［図2－3］。

それまで上に振り上げていた前の脚を、今度はいきなり真横に広げた。そして、前方に閉じていたあの長いキバを、ほぼ180度の角度でめいっぱい開いた。その結果、縦に長い体型だったこの生物は、瞬時にして横にいちじるしく長い生物になった。メタトロンとサンダルホンは、ともにこの体勢でギリギリまで顔を近づけると、すごい早さで互いのキバをぶつけ合った。ガキィンと音が聞こえてきそうな激しい応酬だったが、力が拮抗していて勝負がつかない。やがて、クモはその場でキバを互いに交叉させ、取っ組み合いのケンカをはじめた。数秒間の組み合いの末、片方が逃げ出して戦いは終わった。もとの縄張りの持ち主であるメタトロンが勝ったようだった。

これが面白くて、私は近隣の草むらから別の雄のアリグモを何匹も採ってきて、勝ったメタトロンの縄張りに順番に送り込んだ。その結果、どうやらアリグモの戦いは体サイズが何よりものを言うらしいことがわかってきた。体格がほんの1、2ミリメートル違うだけで、ほぼ例外なく小さいほうが逃げ出した。この場合、戦いまで発展することはなく、大きいほうがバンザイをしただけで小さいほうが怖じ気づいて逃げてしまうのだ。体格がほぼ互角のときに限り、「第1形態」では勝負が付かず、キバを開く「第2形態」に変化するのである。メタトロンの縄張りなのだからメタトロンが勝つかと思っていたが、大柄な雄を送り込むとメタトロンは逃げてしまった。

アリグモは、アリに擬態するという観点から注目されることの多い生き物だが、アリグモ同士のやりとりもきちんと調べてみたら面白そうだ。

あかつきの奇跡――ミノムシの話

学部時代の授業で、魚の卵の発生を1週間連続して観察するという内容の実習を受けた。いくつかの班に分かれ、さらに班内のメンバー同士でこの時間に誰が観察する、というようにローテーションを組んで行う実習である。そんな実習を行っていた6月上旬のある日。私は、深夜2時からの観察を割り当てられ、朝5時まで実験室で時間をつぶすことになった。睡魔という、実在する悪魔と戦いながら自分のローテーション時間を守り続けるうち、次第に空が白んできた。自分の時間を守りきり、ようやく戦いに勝利した私は、気晴らしに校舎から出て外を歩いた。誰もいない明け方、構内の建物の脇をふらふら歩いていたとき、私は視界の隅に見慣れない何かを認めた。大学内の建物の壁、だいたい膝下くらいまでの高さには、至るところにミノムシがくっついている。そんなミノムシのうちある1つの先端に、黒っぽいものが出ていた。驚くべきことに、それはみるみる大きくなり、ついには1匹の黒い蛾になった。ミノムシが成虫になる瞬間だったのだ。

ミノムシとは、一般的にはミノガ科 Psychidae に属する蛾の幼虫の総称であり、いずれの種も形や材料は違えども、背負って移動可能なミノ（専門的にはポータブルケースと呼ぶ）を幼虫期に作る。ミノムシは、我々の身近な環境で見られるなじみ深い虫の代表格である。どんなに虫に関する知識がない人間でも、ミノムシくらいは知っているだろうし、どこかで見たこと

図2-4 キタクロミノガ
Canephora pungelerii（長野）

もあるだろう。しかし、そんな人間のなかで、ミノムシの親の姿を見たことのある者はどれくらいいるだろうか。ミノガ科の多くは、成虫の姿が地味で目立たない。しかも、限られた時間帯に羽化し、短時間しか活動しない。そのうえ成虫は何も食べないので、餌でおびき寄せることもできない。成虫を得ようと思ったなら、まだミノに入った状態の幼虫を採集して室内で育て、成虫まで羽化させるのが蛾の研究者の間での常識である。そんなミノムシの親を、偶然にも野外で見つけてしまった。気になって周囲のほかのミノムシにも目をやると、あちこちで羽化直後の黒い蛾がミノからぶら下がっており、これから羽化しそうな個体もいた。後で調べたが、このミノムシはキタクロミノガ*Canephora pungelerii*［図2-4］という種のようだった。

羽化直前のミノムシは、蛹の段階のうちにミノの下側から、頭を下にした状態で身を乗り出した。そして数分後、ピシッと蛹が割れて黒い蛾が這い出てきた。素早く蛹の殻を脱いだ蛾は、そのまま殻にとまって翅を伸ばすのだが、その伸びるスピードは恐ろしく速かった。蝶ならば最低でも30分くらいはじっとしていなければ飛べるようにならないはずだが、キタクロミノガはものの2分ほどで完全に翅を伸ばし、すぐ飛び去った。活動可能な時間が短いので、もたもたしていられないのだろう。ということは、雌がどこかにいるはずだと、私は考えた。じつは、この黒い蛾というのは全部雄である。

ミノガ科の仲間は雌の翅が退化する種が多い。キタクロミノガをはじめ比較的系統的に新しいタイプのミノガ類の場合、雌は成虫になってもウジ虫型の姿で一生ミノから出ない。そういうタイプのミノガは、雌がミノの下側から頭だけ出してフェロモンを散らし、翅の生えた雄を呼んで交尾に至る。壁についたミノを丹念に見ていくと、はたして黄色いウジ虫が顔を覗かせたミノが発見できた。意外に敏感で、観察中に不用意に振動をくわえると、すぐ引っ込んで容易に顔を出さなかった。こうして雌を数個体発見し、かたわらで座って見続けていたが、結局雄が飛んできて交尾する様子は見られなかった。朝6時過ぎになると、雄の羽化のピークは終わり、雌たちも頭を引っ込めてしまった。

私が一連の「魚の実習」で得たものは、キタクロミノガが6月上旬の明け方5時から6時までの1時間だけ活動するという知識だけだった。

黄色い紙飛行機の怪――狩人蜂の話

ある夏の昼下がり、私は裏山の麓にある神社の境内にいた。社（やしろ）の壁の隙間にニホンミツバチ *Apis cerana* が巣を作っており、この時期にそれを狙って入れ替わり立ち替わりスズメバチが襲来する。そんな両者の手に汗握る戦いを観察するため、社の脇で体育座りをしながらじっとミツバチの出入りを観察していたのである。社の周囲には大きな杉の木が数本立っているため、夏の日差しも遮られて涼しい。心地よい風が流れてきて、ふと上を見上げたときに、私の視界に何かが入ってきた。

地上10メートルくらいの高さだっただろうか。杉の樹幹を縫うように、黄色い三角形の物体が飛んできたのだ。大きさが4センチメートルくらいの二等辺三角形で、まるで紙飛行機のような物体だった。私は最初、それを当然のように紙飛行機だと解釈した。神社の周りには民家があるので、そこの窓から誰かが紙飛行機を飛ばし、それが風で流れてきたのだと思った。しかし、まもなくそれはおかしいことに気づいた。紙飛行機にしては小さすぎないか？　飛んでいる高さが高すぎないか？　そして何より、さっきからいっこうに地面に落ちてこないではないか。紙飛行機風の物体は、まるで意志を持っているかのように木立を縫うように飛び回り、高度を下げることなく水平に飛び続けていた。そして、どうやらある1本の杉の樹幹の、ある決まった場所めがけて着地しようとしているのだ。数回、その箇所に激突しては空中で体勢を立て直し、また激突するそぶりを見せていた。そして、何回目かに激突したとき、紙飛行機が落ちてきた。地面に墜落したそれを見て、私は驚いた。紙飛行機のように見えていたそれは、なんと蛾だった。翅を閉じて動かない状態の、ジョナスキシタバ *Catocala jonasi* だった。後翅が鮮やかな黄色をした蛾の一種だ。蛾は、見たところ死んではいないのに、ピクリとも動かなかった。まるで麻酔か何かをほどこされているかのようだった。これを見たときに、私はすぐ思い出した。そうだ、これは「アレ」の仕業だと。

気がつけば、この杉の樹幹には至るところに何者かが空けた穴がたくさんあった。間違いない。私はそこでじっと待ち続けてみた。30分後、その穴のうちの1つめがけて、白い蛾を抱えた虫が飛来し、穴に飛び込んだ。しばらくして穴のなかから顔を出したのは、やたら目玉の巨大なハチだった。体長2センチメートル、赤黒くて寸詰まりな体型が特徴の、ニトベギングチ *Spadicocrabro nitobei* [図2-5] である。ギングチバチ亜科 Crabroninae は非常に種数の多いハチの一群で、自分の幼虫の餌にするため他種の昆虫を毒針で麻痺させて集める「狩人蜂(かりうど)」として知られる（獲物の狩りに毒針を使わずただ咬み殺すだけの、無粋なアシナガバチやスズメバチも一般的には狩人蜂に含むが、私は含めない）。ギングチバチの仲間は、ほとんどの種がハエや蚊など双翅目(そうしもく)昆虫を捕らえるのだが、残りのいくつかの種は蛾の成虫、アリ、カゲロウ、キ

図2-5 ニトベギングチ *Spadicocrabro nitobei*（長野）. ノンネマイマイ *Lymantria monacha* を捕らえ, 胸部を毒針で刺す

リギリスなど、分類学的にまるでかけ離れた多様な昆虫を専門に狩るように進化した（山根、1998：栃木県立博物館、2005など）。ニトベギングチは蛾の成虫を専門に狩る種で、広葉樹林内の立ち枯れた木に穴をうがち、そこを巣としていろんな種の蛾を狩ってきては詰め込んでいく。営巣条件にうるさいことや多種多様な蛾が獲物として必要であることから、自然豊かな広葉樹林にしか生息できず、希少種扱いされているハチである（福井県自然環境保全調査研究会、1999：青森県、2001）。この杉の樹幹を見ると、あちこちで数匹のニトベギングチが飛び回っているのが認められた。彼らにとって、この木は奇跡的に営巣しやすい立地条件を満たしているのだろう。

あの紙飛行機の正体は、ニトベギングチに狩られて空中輸送されていたジョナスキシタバだった。落ちてきたのは、獲物が大きすぎて巣穴に入らず、落として

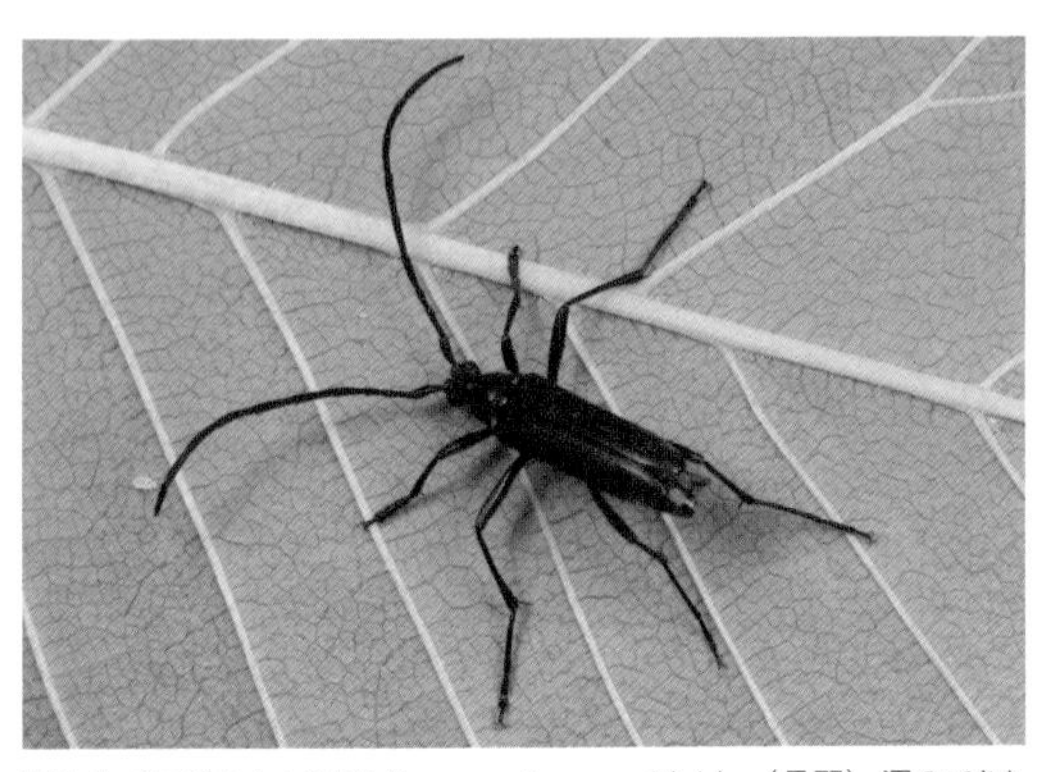

図2-6 ベニバハナカミキリ *Paranaspia anaspidoides*（長野）. 洞のできた老大木からしか発生せず, 見られる場所は限られる

しまったせいだろう。不思議なことに、このハチが木にうがつ穴の直径は1センチメートル弱くらいなのにもかかわらず、ハチはあきらかにその直径より大きいサイズの蛾をよく狩ってきた。そして、なかに運び入れようとするのだが入らず、せっかく狩った獲物をむざむざ落として捨ててしまうのだ。後先のことを考えず、愚直に作業を続けるその生き様は、滑稽でありながらも好感が持てた。夕方になると、ハチは仕事をやめて巣穴に入り、内部から掻き出した木屑で出入り口を塞いだ。

大学の近辺には神社が点在し、それらの境内にはいずれも相当な樹齢を重ねた古木が「ご神木」として祀られている。そんなご神木には大きな洞ができたり、幹の一部が枯死したりしており、ニトベギングチをはじめ多くの虫たちの「駆け込み寺」的な住処になっている［図2-6］。神たる大樹は、人間だけでなく虫たちの安寧をも、静かに見守り続けているのである。

田んぼの決闘——狩人蜂の話その2

私は狩人蜂の仲間が何より好きなので、野外で見かける虫のうち狩人蜂の観察に費やす時間の長さは抜きん出ていた（現在アリ関係の研究をしていなかったら、私は絶対に狩人蜂の研究で名をなすつもりでいた）。ニトベギングチを観察したのと同じく夏の日、私は水田地帯を歩いていた。夏になると、裏山にある水田のうちいくつかは水が干上がる。水のなくなった水田はただの泥の地面となるわけだが、やがてその表面に細いウネが縦横無尽に走り回るようになる。これはケラ *Gryllotalpa orientalis* の仕業であり、地表浅いところに長いトンネルを掘って行動するので、そういうふうになるのだ。そんなケラの掘ったトンネルを見つめていたときに、突然そのトンネルから這い出してきた虫がいた。それはケラとは似ても似つかない、黒くてツヤのあるハチだった。クロケラトリ *Larra carbonaria*［図2-7］である。

ケラトリバチの仲間は、名前のごとくケラを専門に狙う狩人蜂である。ギングチバチやケラトリバチを含め「アナバチ類」と呼ばれる狩人蜂の仲間は、基本的に毒針で麻痺させた獲物をあらかじめ用意していた巣に運び込み、獲物の体表に産卵して巣を塞ぐ。巣部屋のなかで、孵（かえ）った幼虫は無抵抗な獲物を食って成長するというのがだいたいのパターンである。ところが、

図2-7 クロケラトリ *Larra carbonaria*（長野）. a：地中に潜る. b：地表に出てきて周囲を見渡す. c：ケラを攻撃する. d：産卵後, じっと獲物を見つめる

そのなかでケラトリバチの仲間は例外的に巣を作らない。捕らえたケラに毒針を刺して麻痺させるが、この麻酔は数分しか持たない。その隙に、獲物の体内に卵を産み付けてしまう（山根、1999）。やがて麻酔がさめたケラは何事もなかったかのように日常生活を再開するが、その体内では孵化したハチの幼虫が内側から食い進み、じきにケラを殺して内側から食い破り脱出するようだ。

私が見つけたクロケラトリは、いままさにケラを狙って狩ろうとしていた。泥の大地の表面に走るケラのウネに沿ってさまよい、ある場所で立ち止まると、突然そこの地面をもりもり掘りはじめて地中に消えた。そして数分後、ちょっと離れた場所の地面から突然また出現した。地中のケラのトンネルを縦横無尽に走り回り、ケラをこづいて地上へいぶり出そうとしているのだ。地中はハチにとって分が悪いので、戦いの舞台を地上へ移そうとするとは、（考えてやっている行動ではないにせよ）なかなか賢い。

ハチは地中から顔を出すたびに、その場でキョロキョロと左右に体を振り、周囲を見渡した。追い出されたケラが周囲にいないか確認しているのだ。この状態のとき、体長3センチメートル程度の動く虫を見つけると、それがコガネムシだろうがクモだろうが別個体のケラトリバチだろうが、有無を言わさず追撃して飛びつこうとしていた。本当の獲物であるケラが出てくるまで、何度も何度もしつこく地中へ潜っていった。そして何度目だったろうか。ついに、地表にケラが飛び出してきた。かなり慌てふためいていた。すると、それを追ってハチも地表へ飛び出した！　そして、ケラの後ろから飛びかかって背中にしがみつき、そのままエリマキのように巻き付いてケラの胸部に毒針を打ち込んだ！　その瞬間、雷に打たれたようにケラの動きが止まった。ハチは毒針をケラに打ち込んだまま、数秒間は身動き一つしなかった。産卵をしているのだろう。

やがて、ハチは産卵体勢を解いてケラから降りた。私はてっきり、ハチはすぐどこかへ去るものだと思っていたのだが、そうではなかった。産卵がすんだ後も、ハチは動かないケラの傍らにいて、ケラをじっと見つめているのだ。3、4分後、それまでひっくり返っていたケラがピクピクと脚を動かしはじめ、やがてかったるそうに起き上がるとその場から歩き去った。それを確認して安心したかのように、ハチもどこかへ行ってしまった。産卵直後のケラはしばらく動けないため、この状態のケラがアリなどに持ち去られないよう、ハチは付き添って警護していたのだろう。立ち去るケラを見て、ハチが追っていかなかったところを見ると、どうやらハチは自分がたったいま寄生したケラを間違ってまた取り押さえてしまい、二重に産卵しないようなシステムを持っているように思えた。進化の妙というやつだ。

痛烈なる逆襲――狩人蜂の話その3

やはり夏のある日、裏山の道路を歩いていた私の目の前を、1匹の大きなベッコウバチがクモを引きずりながら横切った。オオモンクロベッコウ *Anoplius samariensis* が、イオウイロハシリグモ *Dolomedes sulfureus* を運搬していたのだ［図2-8］。私はすぐさま駆け寄って、これを邪魔してやることにした。

狩人蜂は、獲物の急所たる神経節の集まっている箇所を、本当に正確に毒針で射貫き、瞬時にして獲物の動きを止める。狩人蜂の種により獲物となる虫の種も異なるわけだから、その弱点の部位も異なる。それぞれの種のハチが、それぞれの最適な方法で獲物を捕らえ、的確に弱点を衝くように進化したのだ。なので、狩人蜂が獲物を捕らえ、毒針で刺す瞬間を観察するということは、狩人蜂の歩んできた進化そのものを観察する行為に等しいと言っても過言ではな

図2-8 オオモンクロベッコウ *Anoplius samariensis*（茨城）. イオウイロハシリグモ *Dolomedes sulfureus* を狩る

い。ようするに、私は狩人蜂が獲物に毒針を刺す瞬間を見たいのである。

しかし、それはたやすくない。狩人蜂は孤独を好む生粋の狩人で、みずからの子孫のために行う「聖戦」を、人間ごときには容易に見せたがらない。昔の本にも、「狩人蜂が獲物を狩るのは一瞬のことで、観察はよほどの幸運に恵まれなければできない」と書いてあるほどだ（鈴木、1985）。でも、ハチが一から獲物を見つけ出し、それを仕留めるさまを見届けるのは難しくても、毒針で刺す瞬間自体は比較的楽に観察できる。獲物をすでに仕留めて運搬中のハチから獲物を取り上げ、ハチの前で動かして見せればいいのだ。さすれば、ハチは獲物がまだ十分に麻痺していないと勘違いして、もう一度刺すのである（岩田、1974）。もちろん、ただ動かせばいいのではなく、その獲物の虫が本来生きて動いている様子をうまく再現しないと、ハチはだまされてくれない。さらに、小型のアナバチ類ではたいていこの方法が通用せず、もっぱら比較的大型の種にしか使えない方法だと、私は経験上学んだ。

さっそく、ベッコウバチからクモを取り上げた。ハチは一瞬面食らったが、すぐにこちらからクモを取り返そうとソワソワしはじめた。基本的に、狩人蜂は人間に対する攻撃性を持たない。だから、この手のハチにいくら狼藉をはたらいても、けっして人間そのものを攻撃してくることはないというのは、ハチのことを少しでも知っている人間ならば常識である。このベッコウバチも、絶対に私を攻撃してこない。そう信じて疑わず、ハチの目の前でつまんだクモをフラフラ動かして挑発してやった。ハチは、クモを取り返そうとするのだがタイミングを計りかね、見るからにいらついた雰囲気になった。調子に乗り、さらにハチをおちょくろうとしたその刹那、信じがたいことが起きた。

なんとハチが突然飛び上がり、クモをさしおいて私の手に飛びついた。次の瞬間、私の手に激痛が走った。ベッコウバチが人間に襲いかかったのだ。狩人蜂の定説と常識を覆された驚きと、その地獄の痛みに、しばらく路上をのたうち回って悶絶した。ベッコウバチは、おそらく毒性自体は強くないのだが、とにもかくにも毒針の痛みが激しいことで知られる（山根、1998）。まるで電流を流した焼け火箸を、骨の関節に突き刺して神経を引きずり出すような痛みだ。ハチは地面に落ちたクモを拾い、引きずってさっさと去ろうとした。そうはさせじと思ってなんとか気を取り直した私は、今度は大事をとって素手ではなくピンセットでクモを奪い取ってやった。するとどうだろう。今度はハチがとんでもない行動に出た。ふたたびバッと飛び上がり、ピンセットに飛びついたのだが、そのピンセットを踏み台にしてもう一度飛び上がり、ピンセットを持つ私の手をまた刺したのだ！　1日に2回も連続で電流焼け火箸を打ち込まれ、私はすっかり消沈して逃げ帰った。なお私は別の場所でも、同じく大型種キバネオオベッコウ *Cyphononyx dorsalis* からクモを取り上げたときに、ハチから反撃を受けている。いままでは、道端で大きなクモを引きずるベッコウバチを見ても、手を出す気がしなくなってしまった。思い当たる限りのどの図鑑にも、ベッコウバチが他の動物に獲物を奪い取られたとき、その動物に反撃するなどという記述は見あたらない。でも、間違いなく大型ベッコウバチは反撃してくる。獲物の運搬中、鳥などに横取りされるのを防ぐために身につけた習性なのだろうが、そうなると他種の狩人蜂が獲物を取られても反撃してこない理由がわからない。謎だ。

ちなみに話の本筋とは関係ないが、近年ベッコウバチ科はなぜか突然「クモバチ科」と名称が変わった（例えば、清水、２００８）。相応の理由があっての措置だろうが、私にとって30年弱も親しんだ名称をいまさら変えることなんてできないので、本書では従来の名称を使った。そもそも、狩人蜂という名称自体も最近では「ハチは人じゃないから」というだけの理由で使用が避けられ、学術論文などではカタカナで「カリバチ」と表記するのが慣例になっているらしい（小田・小川、1996）。私は、この記号みたいに無機質で風情のない呼び方が心からいけ好かない。だから、「風情があってかっこいいから」というだけの理由で、本書では狩人蜂という呼び方に、徹底的にこだわっている。

闇夜の灼眼──ツノトンボの話

夏の裏山の夜は、神秘に満ちた空間だ。昼間さんざん通った山道も、夜に行くと雰囲気がまるで違う。それはひとえに、周りを徘徊する生き物の種が昼間とはまったく違うことに起因すると思う。昼間、そこらじゅうを飛び回っていた蝶やトンボはどこかに姿を消し、代わりに蛾やクモが跋扈（ばっこ）する。いつ、どこから何が出現するかわからないので、おのずとこちらの神経も鋭敏に研ぎ澄まされていく。毎晩裏山に1人で通い続ければ、やがて10メートル離れた地面を歩くカマドウマが落ち葉を踏む音まで聞き取れるようになる。

ヘッドライトをつけて森を歩けば、一番よく目に付くのは蛾だが、ウスバカゲロウの仲間も多い。ウスバカゲロウの仲間は、飛翔がとてもゆったりしており、まるでスローモーション映像のように羽ばたきの一回一回が見て取れる。そして、これらの虫は暗闇で光を当てると、目が妖しく赤く光る。ぱっと見ると、小さい赤い星が細かく上下に震えながら、宙に浮いているように見えて楽しい。

図2-9 オオツノトンボ *Protidricerus japonicus*（長野）

　ある日の夜、そんな赤い星たちを横目に裏山の林道を歩いていたときだった。私の目の前に、それまで見たこともないひときわ巨大な赤い星が、突如として立ちはだかった。何だと思ってよくよく見てみたら、それはウスバカゲロウではなくオオツノトンボ *Protidricerus japonicus*［図2-9］だった。ツノトンボはウスバカゲロウの親戚筋で、姿はトンボそっくりだが、蝶のような長く先端の丸まった触角を持つ。その奇妙な姿から、毎年のように各地の大学や博物館に「蝶とトンボの雑種が採れた」といって、これを持ち込む人間が後を絶たないと聞く。夜行性のこの虫は灯りに飛んでくる性質が強いため、普通の人間がその姿を見るのは、夜に街灯や家の灯りに飛んできてジタバタしているところと相場が決まっている。私はこのときはじめて、周囲に人工の灯りがない自然の闇夜で、ツノトンボの飛ぶ姿を見た。

ツノトンボは、ウスバカゲロウなんかと違って飛翔力が抜群で、機動性に富んでいた。基本的に、昼間のトンボ類と遜色ないと言って差し支えないだろう。高速で羽ばたきつつ空中の1点にピタッと静止するようにホバリングし、ホバリングの最中は体がほとんど上下にぶれない。しかも目が巨大なため、ヘッドライトで間接光を当てると、空中に小さな火の玉がぼうっと浮いているようにしか見えないのだ。もしかしたら、人魂と呼ばれているうち相当の割合のものが、ツノトンボの目ん玉の見間違いではないかと思えるほどであった。

私は、その人魂をもっと近くで見てみたいと思い、そっと歩み寄ろうとした。その瞬間、突然人魂がふっと消滅した。どこに行った？　周囲をキョロキョロ見回すも、どこにも見つからない。逃げられたかと思ったとき、はるか頭上からゆっくりと赤い流れ星が降りてきた。奴は上空に飛び上がっていたのだ。降りてきたツノトンボはふたたび低空をホバリングするようにゆっくり飛び回っていたが、見ていると10秒おきくらいにふっと上空に飛び上がるようだった。飛び上がるスピードはとてつもなく素早く、飛び上がる高さは目測で5、6メートル程度とけっこう高い。私は奴が何のためにそんな動きをしているのか、最初はわからなかった。しかし、何回目かに飛び上がって降りてきた姿を見て、私は事情を理解した。白い小さな蛾を摑んで降りてきたのだ。ツノトンボは肉食性で、飛翔中の小昆虫を捕食して生きている。つまり、奴は頭上を飛び回る獲物の虫にスクランブルを仕掛けるため、上空に飛び上がっていたのだ。しかし、それもすごい話だと思う。星明かり程度しかない漆黒の闇のなかで、5、6メートル上空を飛ぶチリみたいな大きさの虫を見つけて捕獲しているのだから。まるで集光効率のすこぶるよい、暗視ゴーグルを持つスナイパーだ。

ホバリングしているので、簡単に写真が撮れるかと思って近寄り、ストロボを浴びせてみた。その瞬間、ツノトンボは急にめちゃくちゃな飛び方をしてパニックになり、そのままどこかへ飛び去ってもう戻らなかった。光に対する感受性があまりに高いのだろう。*

地底からの使者――ヒミズの話

長野での生活が長くなるにつれ、私は虫やカエル以外の生き物も見たくなってきた。幸か不幸か、せっかく山奥で暮らしているのだから、いっそ「幸」の面を楽しまねばもったいない。とくに、私が観察したいと思ったのは哺乳類だ。近隣が山なので、獣はふんだんにいるはずだ。実際、裏山を歩けばそこらに糞や食いカスが落ちているので、相当数の獣がうろついているのはわかる。だが、実際にそれらを見かけることはほとんどなく、獣の観察などなかば諦めていた。虫と違ってたやすく姿を見ることができないのが、獣のとっつきにくいところである。だ

*ストロボのような強い光を浴びせた際の反応の仕方は昆虫の種による。ツノトンボはかなり光に影響されるほうだ。

からこそ、私はそれまで獣にあまり興味を持つことができなかった。

しかし、『モグラの地中』（今泉、1998）という本に小型のモグラであるヒミズ *Urotrichus talpoides* を観察する方法が載っているのを見て、小動物ならばなんとか観察できるのではないかと思い、虫の少ない冬に実際に試すことにした。ヒミズは本州であればたいていの森にいる。彼らは地上の浅いところにトンネルを掘り、昼も夜も関係なく数時間おきに巡回している。そのトンネルの入り口に、餌のヒマワリのタネや落花生などを数個置いて、1時間おきに見回るだけ。餌が減っていたら、そこで音を立てずに座って待つと、すぐヒミズが出てくるという。いっけん簡単そうにみえる方法だが、実際にやってみるとそうでもなかった。なぜなら、森にヒマワリや落花生を置くとすぐにアシナガアリ *Aphaenogaster famelica* がやってきて、餌をどこかに持って行ってしまうからだ。アシナガアリは、かなりの低温状態でも活動できるようで、コートがないとつらい12月上旬になっても餌を盗みに姿を現す。時間をおいて見回る方法だと、餌がなくなったのがヒミズのせいなのかアリのせいなのかがわからず、苦慮した。しかし、厳冬期に入るにつれてじゃまなアリは姿を見せなくなり、何度か試行錯誤した後に私はヒミズを見ることができた［図2-10］。その動きはとても素早く、瞬きする間に顔を出して餌を取り、引っ込んでしまう。私はそれまで、山道で死んでいるヒミズは何度も見たが、生きた姿をまっとうに拝んだのはこれがはじめてだった。まさにカラスアゲハのような光沢を持つ、漆黒の毛

図2-10 ヒミズ *Urotrichus talpoides*（長野）

皮に包まれた美しい獣だった。それをきっかけに、私は毎日ヒミズに会いに行くようになった。

ヒミズを観察するなかで、いくつか面白い発見があった。それは、この動物はある面ではとても賢く、ある面ではとてもバカな生き物らしいということである。私は日中の昼過ぎ1時半くらいに、毎日同じ場所の穴ぼこの前で待ったのだが、そのうちに私は奴が毎日その時間に、かならずそこから顔を出すことに気づいた。ヒミズは、森の地下に1500～4000平方メートルの通路を縄張りとして張り巡らし、定期的に巡回している（石井、1996）。私の観察した個体は昼過ぎ1時半くらいに、広大な縄張りのなかでもピンポイントで特定の場所へ行けば、餌が得られるということを学習したようなのだ。ある日の1時半、試しにその穴の前に餌を置かず、ただしゃがんでそばで見てみた。すると、何も餌がないその穴からぬっと顔を出し、二度三度出たり引っ込んだりを繰り返した後、出てこなくなった。2日目も同じだったが、3日目くらいにはそもそも姿を現さなくなった。こうしたことから、ヒミズは地形を記憶するのは得意なのではないかと思った。もしかしたら、通路に匂いのようなマーカーを付けて、高率で餌にありつけるルートがわかるようにしているのかもしれないが。

その一方で、穴から顔を出したヒミズを撮影するためカメラのストロボを光らすと、奴はひどくおびえて引っ込んだ。ふたたび顔を出したヒミズにストロボを当てると、また驚いて引っ込んだ。後述のように、ネズミはストロボを何度か浴びせると、やがて慣れて驚かなくなる。ところが、ヒミズは何度ストロボを浴びせても慣れなかった。顔を出したときに「チッ」と舌打ちして脅かすことを何回かやったが、これも慣れなかった。短期記憶が苦手なのだろうか。

また、ヒミズは穴から1回顔を出すたびに、かならずひとかけらの餌だけくわえて引っ込むくせがあることにも気づいた。どんな小さい餌でも、地上では一度に複数個を口に入れようとせず、何回かに分けて取りに出てきた。いくら小動物とはいえ、人間が野生のものに湯水のように餌を与えるのは感心しない。極力与える餌の量を減らし、なおかつ少しでも長い間この生き物を地上に引き止めるために、こいつのこの習性は使えるのではないかと思った。私は落花生であれば、1日に1粒の半分しか与えないことにした。しかし、この1つをまるごと与えてしまえば、奴は1回だけ顔を出してそれを取ったきり、もう地上に出てこなくなってしまう。

そこで、この1つの餌を細かく砕き、10個くらいの欠片にして置くのである。そうすれば、奴を10回地上に呼び出すことができるのだ。少しの工夫で、それまで遠かった野生の獣がぐっと身近な存在へと変化したのだった。

聖獣の夜——野ネズミの話

私は首尾よくヒミズを観察できたのに気をよくし、他の小動物も見たくなってきた。次に標的にしたのはネズミだ。近所の森のなかには岩がごろごろしたガレ場があり、地面にたくさんの隙間ができている。こういう場所は小動物の格好の隠れ家になるはずだと考え、このガレ場にあるいくつかの岩の空隙（くうげき）に餌を置いて翌日見回った。それを数回繰り返してあきらかに餌の減りが激しい箇所を特定し、今度は夜にそこで直に待ち伏せてみた。ネズミもヒミズ同様、昼夜を問わず活動しているのだが、警戒心がかなり強いため地表に姿を現すのは辺りが暗くなってからだ。

出てくるかどうかもわからぬものを寒い夜の森のなか、たった1人で身動きせずに座って待つのは、非常につらい。1時間もしゃがんでいると足が痺れてくる。しかも寒さで足先の感覚がなくなってくる。だが、地中の獣は地面を伝わる震動に敏感なので、足を動かすわけにはいかない。鼻水が止めどなく出るが、すすればその音で動物を警戒させると思い、垂れ流しで座り続けた。最初の3日くらいは、そんな感じでただ寒い思いをして帰るだけだった。しかし4日目、ついに岩の隙間から愛らしいアカネズミ *Apodemus speciosus* が出現したときには、もう感激のあまり泣きそうだった。艶めく赤い毛皮をまとったこのネズミは、世間一般が抱くような薄汚いネズミのイメージとはかけ離れた美麗な獣だった。最初は向こうもおっかなびっくりで、1分は身動きせずに見つめ合ってしまった。しかし、やがてこちらが危害をくわえないと理解すると、途端に大胆になった。ライトを当て続けたり、音を多少立て続けてももう驚かない。永続的な刺激には、すぐに慣れてしまうようだった。このように、人間に起因する刺激に野生動物がすぐ馴化（じゅんか）するさまを見ると、クマよけのために山で常時クマ鈴やラジオで音を出し続けるのは、どの程度クマを警戒させ遠ざけるのに有効なのか多少とも疑わしく思えてきた。

このネズミが出る岩の隙間にも、毎晩通った。連日観察していると、だんだんネズミを見るこちらの目が肥えてくるため、はじめは気づきもしなかったいろいろなことが見えてきた。ネズミは、私の目の前に現れるときはいつも1頭だったため、私は同じ個体が毎晩ここに姿を現しているのだと思っていた。しかし、実際はそうではなかった。ネズミはしょっちゅう仲間同士で縄張り争いをしたり、あるいは天敵に襲われたりするので、たいてい体の一部分が傷ついている。耳が欠けていたり体毛がはげていたり、そんな身体的特徴が日によって違うことに気づき、複数個体がこの場所をうろついていることがわかった。実際、1度だけだが2頭のネズ

図2-11 ムササビ
Petaurista leucogenys（長野）．
顔なじみの個体

ミが激しく追いかけあいながら、岩の隙間を走り去るのを見た。ネズミは基本的にそれぞれの個体が縄張りを作ってその内側で生活しているようだが、隣近所の個体が作る縄張りとの境界線はおそらく曖昧だ。隣り合って縄張りを作るネズミ同士は、しょっちゅうお互いの領域を侵犯しては争い、自分の縄張りのほうが広いと主張しあっているのかもしれない。私には小さなネズミたちの争いが、人間世界の隣り合う国家間にありがちな紛争・軋轢（あつれき）の縮図に重なって見えた。

ネズミの観察は、私に思わぬ副産物をもたらした。毎晩、ガレ場で座ってネズミの登場を待っていると、定刻に決まった方向からムササビ *Petaurista leucogenys*［図2-11］が飛んでくるのに気づいた。それがきっかけで、いままで行きつけの森でまったく気づかなかったムササビの巣をいくつも見つけることができた。夜の森で静かにしていると、遠くのほうでガサガサと落ち葉を踏む獣の気配に充ち満ちているのに気づく。タタン、タタンとテンポよく聞こえるのは、体を躍動させて走るテンやノウサギの足音。ザザザァと切れ目なく聞こえるのは、足の短いタヌキやアナグマ、場合によってはシカの足音。そんな見当もある程度はつけられるようになった。すべては、ネズミやヒミズを観察しようと思ったことから広がった枝葉的な発見だ。彼らが森の外交官になり、私とほかの野生動物たちとの間を取り持ってくれたようなものだった。

昨今、野生動物に対する餌付けが究極の悪のように言われることが多い。でも、私は最初ネズミたちに少量の餌を与えたのは、よいこととは思わないが悪いこととも思わない。このきっかけがなければ、私は虫だけを見て森の生き物全部をわかったつもりの、いま以上に視野狭窄なナチュラリスト気取りのままだったはずだからである。

沈黙のとき――テンの話

例年4月末くらいになると、裏山のすこし奥へ分け入った先にある小さな池で、多くのヤマアカガエル *Rana ornativentris*［図2-12］が集まって産卵を行う。そして、その産卵活動は夜に活発となる。ある日、私はそれを観察するため、日没直後にその池のほとりにしゃがんでいた。辺りが暗くなるにしたがい、周囲でさえずっていた鳥の声は静かになる。そして、池の水底に隠れていたカエルたちが一匹、また一匹と這い出てきて、岸辺にずらりと並んでいく。こうい

図2-12 ヤマアカガエル *Rana ornativentris*（長野）

うカエルは、暗くなればなるほど人間に対する警戒心が薄くなる。すぐ間近に近寄って観察するにはまだ明るい気がしたので、もう少し機が熟すのをじっと待った。そのとき、こちらに向かって何かが走ってくるような足音を聞いた。直後、足音が聞こえた方向から、なにかネコくらいの大きさで白っぽいものがシャクトリムシのような動きで高速で向かってくるのが見えた。テンだった。テンが、池へ水を飲みに来たらしい。

テンは私のすぐ手前までやってきてはじめて私の存在に気づき、ピタッと立ち止まってこちらを見つめた。その距離、わずか1、2メートル。その気になれば、手で触れそうな距離だった。せっかくだから写真を撮りたかったのだが、こちらがわずかでも動いたら逃げそうな気がして叶わなかった。なにより、日が落ちてかろうじて周囲の背景の輪郭がわかるくらいの闇のなかで、その動物の薄い体の色は光り輝いて見えるほど神々しく、撮影するのが罰当たりな気もした。向こうはあきらかにこちらの存在を認知しているはずだが、こちらがなにも仕掛けてこないのを認めると、私の存在など気にせず目の前で水を飲みはじめた。その後、テンは私の目の前にある倒木と地面の間の隙間に入り込み、背中を倒木にゴシゴシこすりつけて見せた。おそらく縄張りを宣言するための匂い付けかもしれないが、その様はまるで間寛平の「かいーのかいーの」にそっくりだった。

目の前で普通に振る舞うテンを見るうち、私はだんだん恐ろしさを覚えはじめた。もともと、テンは古くから毛皮をとる目的で人間に撃ち殺されてきた動物である。そのため、野生のテンなら、ふつう人間を避けて行動するはずだ。なのに、この個体は私を見てもまったく恐れる様子がなく、吐息がかかりそうな距離で当然のように振る舞っている。もしかしたら、こいつは私に襲いかかる用意があるのではないかと思えてきた。イタチの仲間は、自分よりはるかに大柄な動物を捕食目的で襲う。長野県内の古い自然史系の本には、テンがカモシカやイノシシ、はてはクマの幼獣さえも襲うという信じがたい話も記されているほどだ(毎日新聞社、1975)。人間もしゃがんでいる状態ならば、テンにとって理論上は十分襲う気になるサイズの生き物に見えるだろう。私は少し身構え、いつ飛びかかってきても殴り返せる態勢を整えたが、テンは相変わらずこちらに関心を示さなかった。そして、一通り私の周囲を歩いた後、きびすを返して走り去っていった。一転して急にそのテンのことが恋しくなった私は、もう一度出会えないかと思いはじめた。私はその日以後数日は、夕方にその池のほとりに行って待ち伏せし続けた。しかし、もうテンが姿を見せることはなかった。

この一件で、私は餌など使わなくても、動かないことと音を出さないことを徹底すれば、まったく人慣れしていない野生動物でも至近で観察できるということを学んだのだった。

再会のとき——ヤマネの話

テンとの遭遇から2ヶ月ほど経ったころ、私は裏山の森で小鳥用の巣箱のなかを覗こうと企んでいた。その当時、私は訳あって小鳥の体表に取り付く吸血性の寄生バエに興味を持っていたのだ。巣箱をかけて鳥に巣を作らせ、それが巣立ったころに巣内に取り残された寄生虫を採る算段でいた。その年の春先に、あらかじめ森のなかで目線の高さの樹幹にセキセイインコ用の巣箱を、100メートルおきに5個かけておき、それをこの時期に見回っていたのである。この森に巣箱をかけると、シジュウカラ *Parus minor* やヒガラ *Periparus ater* がすぐ入る。[*] これらが使用中の巣箱に近づこうとすると、親鳥が騒いで警戒する。仕掛けた巣箱のうちほとんどが、このように小鳥にまだ使用されていた状態だったので、なかを覗くことはできなかった。

*小鳥は常に住宅難のため、営巣できそうな所にはすぐ巣を作る。セキセイインコ用の巣箱は格好の営巣場所だ。

しかし、そんな巣箱のなかでただ1つだけ、雰囲気のおかしなものがあったのだ。

その巣箱の出入り口からは、樹皮の切れ端らしきものがはみ出ており、何かが使用しているのはわかったが、近寄っても鳥が威嚇しに来なかった。それまで私は、カラ類の鳥が営巣している巣箱で、入り口から巣材がはみ出るほど詰め込まれているさまを見たことがなかった。不思議に思って、そっと巣箱の蓋を開けてみると、なかには短冊状に剥いだ樹皮がぎっしり詰まっていた。そして、なんとそのなかから突然ネズミのような小動物が顔を出したのだ。いままで寝ていたらしく、目が半開きで寝ぼけた雰囲気だった。薄い褐色の体の背に、1本の黒いすじが走っているという独特の体色だった。国の天然記念物、ヤマネ *Glirulus japonicus*［図2-13］である。

ヤマネは樹上性の齧歯(げっし)類で、よく小鳥の巣箱に入って休むことが知られる。しかしその場合、巣箱のなかにほとんど巣材を敷かないとされる（中島、1993）。そんなヤマネが、巣内に巣材をぎっしり運び込んでいるということは、おそらくここに長居する用意がある、すなわち子育てをするつもりではないだろうか。そう思った私は、すみやかに巣箱の蓋を閉めてその場を離れた。

その日の日没時刻、私はふたたびその巣箱のそばにいた。夜行性であるヤマネが、巣箱から出てくる様子を見てみたかったからだ。ムササビの場合、日没およそ30分後に巣穴から出て活

図2-13 ヤマネ *Glirulus japonicus*（長野）

動を開始する（川道、1996）。その例にならうかのように、日没から30分後、巣箱のなかからかすかにゴソゴソと音がした。私は、なかがどうなっているのか覗こうと、巣箱の入り口の真ん前まで顔を近づけた。その瞬間、入り口から目のぱっちりした小動物が顔を出した。私とヤマネは、30センチほどの距離でいきなり互いの顔を見つめ合ってしまった。向こうは一瞬だけ硬直したが、すぐに警戒を解き、素晴らしいスピードで樹幹を登った。そして、横枝を伝って私の目と鼻の前に絡んだツタにぶら下がり、そこで毛づくろいをはじめたのである。私はその間、音も立てず身動きもしないようにした。餌付けもされていない野生の獣が、これほどの距離で人間に見つめられながら毛づくろいするとは、思いもしなかった。ヤマネには、しばしば体色が部分的に白化する個体が見つかるのだが（中島、1993）、この個体も首の後ろに白い月輪がかかったような部分があった。やがて、ヤマネは近くの大木に乗り移ると、闇のなかへ消えた。

彼女が姿を消した後、私は無性に巣箱のなかを覗きたくなった。本当はいけないのだが、好奇心には勝てなかった。そっと巣箱の蓋を開け、人間の手の匂いを付けないように小枝で慎重に巣材をどけてみると、奥のほうにピンク色の動くものがいくつか見えた。子供だ。やはり子供をこのなかで産んでいたのである。大きさは2、3センチメートルほど、毛も生えていない状態だが、背中にはちゃんとトレードマークの黒い線があった。私は巣材を元通りにならし、巣箱の蓋を閉めて帰った。すごいものを見つけてしまったと、その日はなかなか寝付けなかった。

これは継続観察したら面白いに違いない。しかし、子育て中の動物は下手に刺激すると、育児を放棄したり子供を食い殺すことがある。なので、私は連日ヤマネを見に行くのを控え、3日おきくらいに様子を見に行った。日没後、巣箱のそばで親が出てくるのを待ち、それが姿を消した後、また巣箱をそっと開けてなかを観察した。巣材に自分の手の匂いを付けないようにするなど、それなりに気をつけて慎重に観察を行ったのが功を奏したらしい。毎回、巣箱の蓋を開けてなかを見ていたにもかかわらず、子供は問題なく日に日に成長していった。その成長スピードはすこぶる速く、最初の発見から15日目には体サイズを除いてほぼ親と区別の付かない姿にまでなった。そして、この日には親が巣を出た後、子供が巣箱の入り口から顔を出しては引っ込む様子が見られた。そろそろ巣立ちが近いに違いない。私は、親が小さな子供をつれて歩き回る姿が見られると思い、心がウキウキした。しかし、その夢はもろくも崩れ去ることとなった。季節はちょうど梅雨のまっただ中。この日から数日間、記録的な土砂降りが続き、私は山へ出かけることができなかったのだ。ようやく雨が峠を越した日に巣箱のもとへ急いだのだが、時すでに遅かった。あの雨の日のいつかに彼らは巣立ってしまったようで、巣箱のなかはもぬけの殻だった。そして、もうその年にその巣箱のなかでヤマネを見ることはなかった。

ところが、その翌年の7月、信じがたい奇跡が起きた。その日、私はいつもの裏山へ行って虫探しをしていたのだが、そのときたまたま「あの巣箱」のそばを通りかかったため、何の気なしに蓋を開けてなかを覗いてみた。すると、驚いたことにそこには2頭のヤマネが入っていた。しかも、そのうち片方の個体は、見覚えのある白い月輪を背中に負っていた。去年ここで子育てしたあいつだ！　数日前に覗いたときには、この巣箱は空だった。もう片方の個体は、やけに体が小さかったので、子供だろう。ヤマネの親は、巣立ち後の子供をしばらく連れて回って過ごす。自力で生きる術（すべ）が身に付いた子供から、三々五々独り立ちするようである。おそらく、私が再会したこの親ヤマネは、この年は別のどこかで子を育て、巣立った子供を連れ回す過程で偶然この日この巣箱を利用したのだろう。翌日には、2頭とももう姿を消していた。

そして、これ以後この森でヤマネには遭遇していない。

小型哺乳類は一般的に寿命が短く（ヤマネは比較的長寿らしい）、くわえて捕食動物に食われる可能性も高い。そんななか、自然状態で同一個体のヤマネに年をまたいで再会できたことに、私は随喜の涙を流した。

コラム●偉大な先輩方

大学入学後、私は自然観察系のサークルに入り、かつてサークルに在籍していたOBの方々に可愛がってもらった。この人たちは、ほとんどが私と同じ理学部生物科学科の卒業生である。大学での生活、嫌な教授の愚痴など、私がサークルと疎遠になった後もいろんなことを話したり聞かせてもらったりした。そんな大学生活の先駆者である先輩方は、フィールドワークの先駆者でもあった。

両生類のエキスパートだったSさんは、入学したばかりの私を引き連れて、6月の大雨の夜に名も知れぬ秘密の山奥へ向かった。その先には驚愕すべき世界が広がっていた。カエルからサンショウウオから、おそらく本州中部に生息する両生類ほぼ全種が、湿った道路にわらわら這い出てきており、まるで両生類のお祭り状態だったのだ。ヒダサンショウウオ *Hynobius kimurae* の模様の美しさ、モリアオガエル *Rhacophorus arboreus* の雌の巨大さ、すべてが私を魅了した。この方には、ほかにもいくつか秘密の生き物観察ポイントを教えていただいたのだが、そのうちの一つに関しては忘れがたい思い出がある。学部2年次のある日、そこへ向かう途中に偶然立ち寄った池の片隅で、木から落ちたハシボソガラス *Corvus corone* の巣を見つけた。なかにはヒナが数羽おり、しゃがんでそれを見つめていたとき、ヒナの体にうごめく妙な虫を見つけたのである。シロアリのように腹部がふくらんだその虫は、日本で2例目の発見となる鳥類寄生性の吸血バエ、トリチスイコバエ *Carnus hemapterus* だった。このとき得られた標本は、紆余曲折を経て専門家のもとへ行き、共著でこの発見を論文にしていただいた（Iwasa *et al.*, 2008）。論文が出版されたのは、その虫を発見してからかなり後のことだったのだが、これは本職である好蟻性（こうぎせい）昆虫の研究をはじめる前に成し遂げた、私にとってはじめての「論文になる発見」だった。この発見が、ますます私を昆虫学にのめり込ませるきっかけになったのは言うまでもない。同時に、鳥に寄生する昆虫に興味をもつきっかけにもなったのだった［図2-14］。

もう一人のOBであるFさんも凄かった。それまで周囲に自分ほど生き物に詳しい

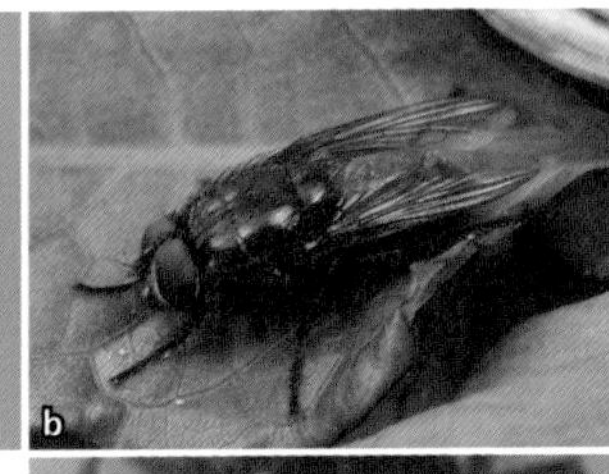
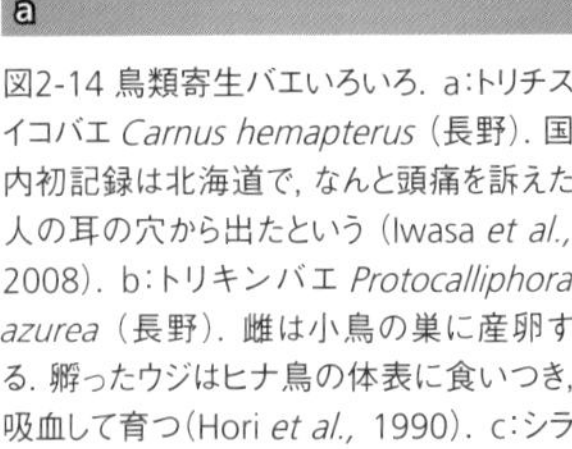

図2-14 鳥類寄生バエいろいろ. a:トリチスイコバエ *Carnus hemapterus*（長野）. 国内初記録は北海道で, なんと頭痛を訴えた人の耳の穴から出たという（Iwasa *et al.,* 2008）. b:トリキンバエ *Protocalliphora azurea*（長野）. 雌は小鳥の巣に産卵する. 孵ったウジはヒナ鳥の体表に食いつき, 吸血して育つ（Hori *et al.,* 1990）. c:シラミバエ *Hippoboscidae* sp.（長野）. 鳥や獣の体表にしがみつき, 吸血する. 毛や羽をすり抜けるため, 体は紙のように平たい

人間がおらず、天狗になっていた私にとって、あらゆる分類群の生物に通じたこの人とのフィールドワークは、頭骨を割られるような衝撃の連続だった。とくに、この人の植物に対する愛情は半端ではなかった。私はかつて山でランの花を熱烈に探した時期があったが、これがまったく見つけられない。どうしたら見つけられるのかとFさんに聞いたところ、彼は素人の私を諭すように言った。「ランの花は見つけるものでなく、見つかるものだ。ホタルは暗闇では光るから、こちらに探す意図がなくても自ずと見つかるだろ。それと同じで、ランの花は光を放っているから、そこにあれば自然と見つかるのだ

よ」と。そこで、私は植物の持つ「光」とやらを見る目を養うべく、独自に「修行」を励行し続けた。その結果かどうかは知らないが、昔よりはランの花をよく見つけられるようになった。

私は到底先輩方には及ばないと思っているが、それでも先輩方は、ことあるごとに私の生き物に関する知識、生き物への接近・捕獲技術を「素晴らしい。これは将来きっと役に立つぞ。そういう仕事につくならな」と褒めてくれた。この「秘められた力」を、私は次第にもっと大切にしたいと思えるようになった。

奇人の眼力——ノミバエの話

学部2年次か3年次のときのことだった。5月のある日、私はいつものように裏山にいた。信州の山は、新緑の時期が一番目に染みるし、空気がすがすがしい。木々が生み出すフィトンチッドをがつがつ食らうように、日当たりのよい山間(やまあい)の舗装道路を歩いていると、道端にクロオオアリ *Camponotus japonicus* の姿を見つけた。普段ならとくに気にもかけないような普通のアリだが、私はそのとき瞬時に妙な違和感を抱いた。大型種であるクロオオアリは、普通はゆったりと歩く。しかし、私が見たそいつは、クロオオアリにしてはやけに歩く速度が速く、落ち着きがなかった。まるで、何かから逃げようとしているかのように見えた。ほんのささいなことだったのだが、いま思い返すと我ながらよくあのアリの動きの不自然さに気づいたと思う。近づいてよく目をこらすと、アリの頭上およそ1センチメートル上空に、黒く小さい点のようなものがピッタリついて回っているのが見えた。ハエだ。とても小さなハエが、アリを追い回していたのだった。見ていると、ハエはときどきアリの体にすばやく体当たりを食らわしているようで、アリはそのたびに身をよじったり、激しくハエを威嚇したりした。これが、私のアリ寄生ノミバエとの最初の出会いであった。アリはこのハエの攻撃を恐れて、逃げまどっていたのだ。

ノミバエ科 Phoridae は世界中から多くの種が知られるハエで、いずれも体長が1〜3ミリメートル程度の小型種ばかりである。生態的には、幼虫期に腐食物のなかで育つタイプと他の昆虫体内に寄生するタイプとに大別され、その双方のタイプのなかから、相当種数が好蟻性として世界各地で記録されている（Kistner, 1982）。しかし、その当時の日本国内では好蟻性ノミバエの研究はほぼ手つかずの状態で、かろうじてアリの巣内に住み着く翅のない種が2種ほど知られているだけだった（寺山・丸山、2007）。私は、自分の見つけたハエの正体を知りたくなった。しかし、大きなトンボや蝶などと違って、ハエの種を素人が調べることはとても難しい。

なぜなら、ハエやカのような虫の種を調べるためにはたくさんの資料を方々から集めなければならず、そのうえで顕微鏡を使って解剖し、ものすごく小さな生殖器を取り出してその形態を見るなどする必要があるからだ。当時、私の身の回りにハエの種がわかる専門家はいなかったため、月日が経つにつれてこのハエに対する関心も消え失せていった。生物学者の世界では、分類学という学問を下に見る傾向が往々にして見られる。「生き物の種名なんて記号に過ぎない」などと言う人もいる。でも、生き物にあまり詳しくない人間にとって、自分が野山で見つけたよくわからない生き物の名前というのは、やっぱり知りたいものである。少なくとも私は、相手の種名がわからないと、その先へと興味が行かない。あるナチュラリストは、「（生き物の）名前は実態の総称なのだから、生活や歴史を知らないと興味が半減する」（桃井、2003）と言った。同様に、生態だけわかっても名前がわからなければ、やっぱり執着する気がしなくなる。

それから数年後の初夏、やはり私はいつもの裏山にいた。5月の末になると、この辺一帯のクロオオアリの巣では「結婚飛行」が行われる。翅の生えた多数の新しい女王アリと雄アリが、いっせいに空中へと飛び立って交尾するのだ。次世代を担う大切な新女王を警備すべく、巣穴の周りにはたくさんの働きアリが出てきている。働きアリはみなやたら興奮しており、そこら中でアリ同士がケンカをしている［図2-15］。大きなクロオオアリ同士の争いは、見ていてス

図2-15 クロオオアリ *Camponotus japonicus* の戦い(千葉). たいてい, どちらかの死をもって終息する

リリングで面白い。2匹のアリが向かい合って立ち上がり、威嚇し合う。その様子を撮影しようと思い、ケンカしているアリのそばに座り込んで観察した。そのとき、私は奇妙な光景を目にした。

ケンカするアリの周囲を、まるで野次馬のようにたくさんのノミバエが取り囲み、監視していたのだ。アリのケンカは次第にエスカレートし、やがて片方が瀕死の傷を負ってついに倒れた。勝ったほうは身づくろいして[*1]、よろよろとその場を後にした。すると、周囲のノミバエのうち1匹が倒れたアリのそばにそろそろと歩み寄り、じっとそれを見つめた。私にとってその光景は、かつて新聞で見た有名な「ハゲワシと少女」の写真とかぶって見えた。ハエは、もはやアリが自分にとって何ら脅威たりえない存在であることを認めると[*2]、厚かましくアリの体に乗り、その傷口からにじみ出る体液を一心不乱になめはじめた。それを皮切りに、様子を見ていたほかのハエどもも一匹、また一匹とアリの亡骸に乗り、アリをなめたり傷口に産卵するなどしはじめた。周囲のほかのクロオオアリの巣の周りで起きている抗争を観察しても、やはり同様にこのハエどもが集まってきていた。そして、それらは一心不乱にアリの死骸をなめ回していたのである。裏山の道端では、至るところでいろんな虫が死んでいるのを見るが、それらには前述のノミバエに似た雰囲気のハエが来ているのを見たことがなかった。しかも、私が見る限り、クロオオアリやムネアカオオアリ *Camponotus obscuripes* のような大型種でない種のアリがケンカをしているところには、このハエが来る様子はないようだった。つまり、このハエは特定種のアリが体を物理的に損傷したときだけ、その匂いを嗅ぎつけるなどして姿を現すらしいのだ。まるでアリの葬式屋である。後になって、じつは海外にも似たような「葬式バエ」が存在することを知った（Brown & Feene, 1991）。

この発見を皮切りに、私のなかで眠っていたノミバエ熱が再燃した。もしかしたら、この山にはほかにも妙な好蟻性ノミバエ類がいるのではないか。そこで、私はクロオオアリをはじめ

＊1—脚や触角をこすったり、体をこすったりして汚れをはらう行動。擬人表現ではなく、生物学の世界で使われる言葉。
＊2—ハエにとってアリが脅威なのか？　と思うかもしれないが、うかつに近づくとやられるので、ハエはアリをそれなりに恐れている。

この山に生息するいろんな種のアリの巣を徹底的に観察してみた。そうしたら、出てくること出てくること。小型種トビイロケアリ *Lasius japonicus* の巣の周辺でアリを追うタイプのノミバエを1種類、中型種クサアリ亜属 *Dendrolasius* の巣の周りでアリの死骸に集まるタイプのノミバエを1種類、さらに中型種シワクシケアリ *Myrmica kotokui* の巣内から腹が巨大化した飛ばないノミバエを1種類、それぞれ新たに発見することができた。これらは後日、海外の専門家のところへ送ってきちんと調べてもらうことになったのだが、いずれも日本国内では存在が知られていなかった種類であり、なかには属レベルで国内未記録の種類さえ認められた。これらに関しては、新種であるか否かにくわえてまだ生態やアリとの関係がわかっていない面が多く、引き続き調べることにしている。なお、これら日本産の好蟻性ノミバエ類については、後述の丸山ら（2013）による『アリの巣の生きもの図鑑』（東海大学出版会、電子版は幻冬舎）を参照されたい。

あのとき、裏山であのアリを見て様子がおかしいことに直感的に気づけなかったら、これらもろもろの発見はなかっただろう。フィールド調査で大いなる発見をする秘訣は、いかに「不自然」を見つけられるかに尽きる。「不自然」を見つけるには、何が「自然」かを知っていなければならず、それを知る唯一の方法は、足繁くフィールドに通い、身を置くことだ。

凜然なる闘い――カラスの話

私自身は長野県の松本市に長年住みつくことになったわけだが、その間に実家は父の仕事の関係で数回場所が変わった。たいていは関東周辺を行き来するに止まっていたが、2005年から3年間は、なぜか青森県へ飛ばされた。青森に実家があったころ、私は原則、夏休みと冬休みの年2回は里帰りした。なので、ここで見た景色は、ほとんどが真夏と真冬のものである。夏はともかく、雪だらけの冬は虫が探せない（こともないが……）ため、別な方法で退屈を紛らわした。

家の近所に大きな小学校があった。手前に広がる広大な校庭は、冬に雪が積もれば雪原となる。この校庭は、最近の都会の小学校にありがちなそれとは違って堀や塀で隔たってはおらず、誰もが自由に入れた。とはいえ、12月の末にもなれば子供たちは冬休みで、誰一人うろついていない。真冬のクソ寒い、そして何もない雪原に好きこのんで立ち入る人間など、いるはずがないのだ。私を除いては。

ここの校庭には、夕方になるとおびただしい数のハシボソガラス *Corvus corone*［図2-16］がやってきた。市内中のカラスが全員集まっていると思えるほどだった。学校のそばにカラスのねぐらとなる森があり、そこへ向かう前になぜかここへいったん集合するのだ。彼らは、おそらく年中こういう日常サイクルを繰り返しているのだろうが、景色が白一色になる冬、校庭の

図2-16 ハシボソガラス *Corvus corone*（茨城）

カラスの群れは一際目立った。カラス以外誰もいない校庭の朝礼台に立つと、カラスの学校の校長になった気分だった。

毎日夕方の同じ時間にカラスが数百羽もいるので、次第に見るだけでは飽きたらず、イタズラしたくなってきた。群れに歩いて接近を試みたが、カラスどもは全員私を避けて三々五々飛び立ち、ある程度遠くまで離れて着地した。奴らは常に私から一定の距離を保つので、どうにも近づけなかった。鳥のなかでもとくにカラスが好きな私は、いつしかもっとあの群れに近づき、なかに混ざりたいと思うようになった。そこで、ふとかつてテレビで見たあるシーンを思い出した。北海道、知床の流氷の上で、自分より巨大なワシが鮭を食っているところに後ろから近寄り、ちょっかいを出して鮭を奪うカラスの映像だ。人間が相手なら逃げても、ワシが相手なら逃げないはず。家に帰ったあと、試しにコートを着込んで目深に帽子を被り、鏡の前にしゃがんでみたら、背格好がワシそっくりではないか。こいつは使える！

翌日の夕方、校庭に行くと例によってそこには「烏合の衆」が広がっていた。私はさっそくしゃがんでワシポーズになり、よちよち歩いて30メートルほど向こうにいるカラスどもに接近した。ところが奴らは昨日同様、まだかなり距離のある段階で飛んでしまったのである。なぜかと考えたら、大事なことを忘れていた。私は、カラスがすでに集まった状態で駆けつけ、そこでいきなりワシに変化(へんげ)した。向こうは、ワシになる前の私を見てしまっている。だから、「あいつはワシではなく、ワシの真似をした人間だ」とわかってしまっているのだ。なかなか賢い。私は、奴らの裏をかくことにした。

連日観察してわかったのだが、カラスどもはこの時期、毎日夕方4時半にはもう校庭に集まりきっているようだった。ならば、奴らが来るより先にここにいればいい。さすれば、私を「はじめからここにある物体」と思って怪しまないはずだ。私は誰もいない雪原のど真ん中に、1時間半前の午後3時からずっとワシポーズでしゃがみ続けた。身動き一つせず、石地蔵のように。結果は大成功だった。4時過ぎからどんどんカラスが飛んできて私の周りに降り立ち、身繕いなどしはじめた。結果、私の周囲をずらりとカラスの群れが取り囲んだ。最寄りの個体との距離は2メートル程度だった。いま、遠くから見たら私はカラスを率いる番長に見えているのだと思ったら、妙な興奮を覚えた。ところがその喜びもつかの間、穏やかだった空が急に暗くなり、風が出てきて突然猛吹雪になった。天候の変化をいっさい想定せずに軽装で来た私は、全身が冷たくなってガタガタ震え、全身雪まみれとなって這う這うの体で家までたどり着いた。「何バカなことしてんの！」と母親からこっぴどく怒られた。小学生ではなく、大学生のときの話である。

別の日の夕方、性懲りもなくまたカラスのところへ行った。無限にいる鳥類の群れを見るうち、先日は仲よくしたから今度は逆に襲われたいと衝動に駆られてきた。ヒッチコックの『鳥』気分を味わいたくなったのだ。これだけのカラスに一斉に襲われたら、どんなにスリルがあって面白いだろう。そのためには、奴ら全員に私を敵と認識させる必要がある。そこで思い出したのが、動物行動学の父・ローレンツ博士の著書『ソロモンの指環』（ローレンツ、1998）だ。彼は幼いころたくさんのカラスを家で放し飼いにしていたが、ある日、川で泳いだ後に外で遊ばせていたカラスを飼育小屋に入れようとしたとき、懐いていたはずのそれらカラスからひどい攻撃を受けた。原因は、彼がそのときポケットから何の気なしに取り出した黒い水泳パンツだった。カラスは黒くてだらんとした物体を持つ者を、「仲間を捕らえた敵」と見なして攻撃する習性があったのだ。あくまで、これはカラスのなかでもとくに集団性の強いニシコクマルガラス *C. monedula* での話だが、当時の私は同じカラスなら大同小異だろうと思った。

これを使えば、数百羽のカラスが一斉に襲い掛かってくれるはずだ！

　そこで、私は被っていた黒い帽子を手に持ち、大声で「びゃあぁああ」と叫びつつカラスの群れに突撃した。さらに、手に持った帽子を巧みに動かして必死にもがくカラスに見せかけ、仕上げにカラスの悲鳴の鳴き真似までして見せた。すると、その場にいたすべてのカラスどもがそれまでになく興奮して一斉にブワーッと飛び立ち、たちまち私の頭上にはカラスの竜巻ができた。カラスどもは激しく鳴き交わしながら私の頭上を旋回した。するとその騒ぎを聞きつけて、全然関係ない場所からどんどんほかのカラスの群れも集まってきた。夕暮れの空はみるみる真っ黒に染まり、まるで『ゲゲゲの鬼太郎』のオープニング映像（吉幾三が歌っていたシリーズ）みたいな光景が展開された。ユメコちゃんが隣にいれば完璧だった。

　ところが、その後が続かない。カラスどもは旋回しながら横目でこちらを観察しているようなのだが、私の猿芝居が次第にバレてきたらしく、やがて一羽、また一羽と地面に降りてきてしまった。奴らはつまらなそうにこちらを見つめている。私は俄然ヒートアップして、雪の積もった校庭の真ん中でわめきつつ、帽子を片手に必死に踊った。ところが、いつもより外でカラスが騒いでいるのを不審に思った近隣住民たちが、校庭へ様子を見にぞろぞろ集まってきてしまったのだ。私は何食わぬ顔で、そっと立ち去った。

空を飛ぶもの——ノウサギの話

青森の実家のすぐ裏は山林となっていた。冬、雪が積もった林に入ると、様々な動物の足跡が残っていて面白かった。それらのなかでも、一番よく目に付いたのはノウサギ *Lepus brachyurus* ［図2-17］の足跡だった［図2-18］。ノウサギはとても警戒心が強く、足跡は見つけられても本人の姿を見ることは容易でない。たった1度だけ、この林で偶然出会ったことがあるが、こちらが追いかけようと思った途端に猛烈なダッシュをして、たちまちいなくなってしまった。

ノウサギは夜行性で、日中は木の陰などにうずくまってじっとしている。そして、どこかの歌手が唱えた学説とは異なりノウサギは孤独を好むので、個体ごとに縄張りを作ってその内側だけで行動している。なので、雪上に残されたノウサギの足跡を根気よくたどっていけば、遠からず絶対にその足跡の主のもとへたどり着けるはずなのだ。しかし、ただでさえ雪上を歩くのは疲れる。まして、勾配のある雪山で動物の足跡をたどり続けるのは、たかだか30分程度でも至難のわざである。そのため、私はノウサギの足跡を見つけるといつも跡をつけるのだが、最後までたどれたためしがない。

ある冬の日、裏山の雪の上を歩いて動物の足跡を探していた私は、奇妙な足跡を見つけた。それはあきらかにノウサギの足跡なのだが、どういうわけかそこに1つしか付いていないのだ。

図2-17 ノウサギ
Lepus brachyurus の子供（長野）

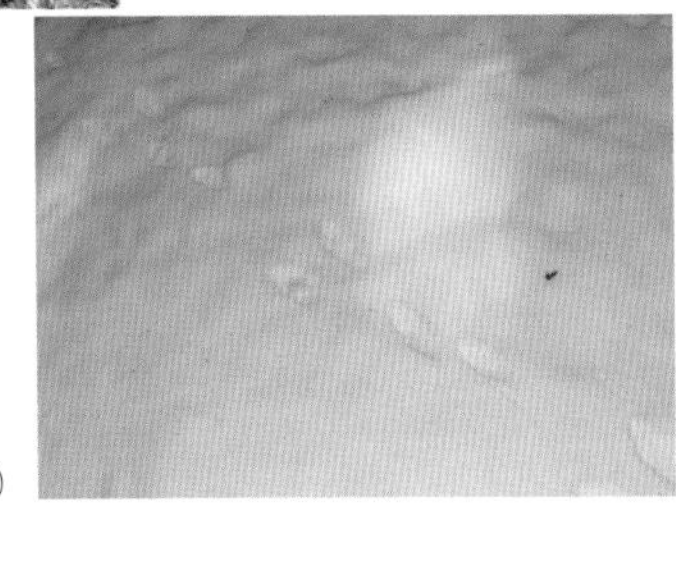
図2-18 ノウサギの足跡（青森）

足跡というものは点々とつながっているものであって、1つしかないはずはない。まるで羽の生えたウサギがそこに舞い降りて、そのままどこかへ飛び去ったかのようだ。これはどういうことだろうかと不思議に思った私は、この足跡の謎を解くために、周辺をくまなく調べてみることにした。もちろん、ノウサギの足跡が1つしかないように見えたのは私の早とちりであり、まもなく私は謎の足跡の1歩前、そして1歩後の足跡を見つけることができた。できたのだが、それらは信じられない場所にあった。なんと、最初に見つけた足跡の、じつに8メートルも先（後ろ）にあったのだ。せいぜいネコほどのサイズの獣が、たった1回地面を蹴っただけで8メートル飛んだのだ。私は、自分の目の前にある事実を、にわかには受け入れられなかった。

しかし、足跡の付き方をよく見てみると、何となく合点がいくような気がしてきた。通常よく見かけるノウサギの足跡と違い、それらの足跡は付き方が非常に浅く、まるでスリップしたかのように前方にかすっていた。つまり、何らかの捕食動物に追われ、文字通り脱兎のごとく死にものぐるいで走って付いた足跡だったのだ。脇には、別の動物の足跡は併走して付いていなかったので、敵は空中から襲いかかる猛禽だったのだろう。人々が団らんを営む民家の裏山で、まるでテレビの自然番組によく出てくる「シマウマを追うライオン」の映像と同じような光景が、確かに繰り広げられていた。そのことを、雪上のかすれた獣の足跡が雄弁に、そして静かに物語っていた。

以上は、おもに大学学部生時代に私が「身近な裏山」で出会った生き物たちとの逢瀬の話である。ノミバエの話を除けば、このなかで私がなした「発見」と称するものの大多数は、単に私自身がそれまで知らなかっただけの事象であり、学術的な価値は何もない。アリグモが変身すること、ミノムシの成虫が明け方活動することなど、その分類群の専門家からすれば「当然だろう」の一言ですむことばかりだと思う。しかし、私はそれらの分類群に関する知識など何もない状態でフィールドに身を置き、そのなかで誰にも頼らず自分の力だけでこうした事象を見出した。私は、部屋のなかで先に知識だけ詰め込み、フィールドでそれを確かめたり追試することも一定の意義があるとは思う。しかし、何も知らずにまず先にフィールドに出て、現物の不思議さを目の当たりにするほうが、ずっと楽しいことのように思える。頭のなかをカラにしたほうが、そのぶん夢を詰め込むことができるのである。

コラム●ヒゲのジョージの教え

私がフィールドで原則単独行なのは、友人がいないからだけではない。大学入学時に体験した、とある人物との出会いもまた私にそうさせている。

ある日、サークルの飲み会で近くの居酒屋へ行った。そのとき、たまたま隣の席で飲んでいた酔っぱらいが絡んできた。自身を「ヒゲのジョージ」と名乗るそのおっさんは、我々が何者かを尋ねてきたので、メンバーの1人が「自然を調べるサークルだ」と得意げに答えた。すると、おっさんは「それは具体的に何をどうするのか」と食いついてきた。そこで、メンバーが「みんなで山へ行って鳥を見て星を見てキャンプして……」と言った刹那、おっさんは「ダメだなあ……」と漏らした。

「いいか、自然てのはなぁ、そんなんでわかるこっちゃねえんだよ。おめぇらのやってんのは木を見て森を見てねぇママゴトだ。第六感だよ。第六感を鍛えて、自然っつーものを理屈じゃなくて体で感じんだ。そのためにゃ、皆で仲よしごっこしてちゃダメだ。1人で山行け。夜行け。素っ裸で！」おっさんは次第に熱を帯びてきた。「誰もいねぇ、何も見えねぇ、そして体が物で覆われねぇ状況じゃ、人間つーのは己が身を守るために、すべての五感が鋭敏に研ぎ澄まされんだ。最近の若っけぇモヤシどもはンな経験しねーだろが！　あぁん？　お勉強ばかりできゃがって、頭でっかちのモヤシどもがよ。五感を鍛えた先に、そのいずれでもねぇ第六感を会得すんだ。そうして、はじめて人は自然と対等になれんだよ！」

サークルのメンバーは、もはや酔っぱらいの妄言など聞き流していたが、私はその言葉に感銘を受けた。その日以後、私は1人で身を守るものも持たず、昼も夜も裏山へ行く習慣がついたのだった。ただし、さすがに服は着ている。

アリヅカコオロギの謎

悪魔将軍への接触

学部4年次、研究室配属の時期を迎えた私は、進化生物学講座の市野隆雄教授（当時は助教授）のもとで研究を行うことになった。しかし、何を研究するか。私は研究したい虫がありすぎたため、教授との最初の面談でいろんな持ち込み案を提示した。ネジレバネ、フユシャク、ウスイロウラシマグモ *Phrurolithus labialis*［図2-19］そのほか、いま考えるとずいぶん突飛な材料を選んで、伸び代のない研究計画を持って行ったと思う。この研究室では、主に生物間相互作用の進化に着目した研究テーマを扱っており、別にアリに限定しているわけではないが、アリという虫は様々な局面でほかの様々な生物と関わり合っている関係上、これをテーマとして研究するメンバーが当時は多かった。そこで、教授が提案したのは「アリの巣に住むアリヅカコオロギというのがいる。いままで1、2種と言われていたが、じつは何種かいて、種ごとに寄生するアリの種が違うらしい。調べてみたら、面白いんやないかなぁ……」。

正直、ここでいにしえの友・アリヅカコオロギの名を出されるとは、毛ほども思っていなかった。日本産アリヅカコオロギは、近年いくつかの種が新しく記載されたらしい（Maruyama,

図2-19 ウスイロウラシマグモ *Phrurolithus labialis*（長野）. トビイロシワアリ *Tetramorium tsushimae* と共生する好蟻性クモ. アリの幼虫や蛹を食う（小松, 2009a）

2004）。知らない間に友が分裂して増えていたのも、寝耳に水だった。アリヅカコオロギ属の分類に関しては、現状では体表の微細な毛の形が有用な分類形質とされているが、この形質は新鮮な成虫にしか適用できないこと、しばしば種の特徴がはっきり表れない個体がいることから、分子情報をも併用した再検討が望まれていた（Maruyama, 2004：丸山、２００６）。さらに、同属内に寄主特異性*の異なる種が混在しているとなれば、ぜひ分子系統樹上でその特異性がどのように進化していったのかも調べてみたい。

私は教授から、このコオロギは全国的に分布するから、研究するなら各地にサンプリング旅行に行くべきだとも言われた。その言葉に、私は俄然いろめきたった。ネクタイも満足に結べない、女性への心配りもできない（そしてしない）が、アリヅカコオロギの採集のうまさだけはギネス級の私は、サンプルが首尾よく集められるかという類の不安はいっさい抱かなかった。むしろ、サンプル採集のついでに各地でいろんな虫を採れるであろうことに旨みを感じ、「おれ、やる！」と二つ返事で飛びついた。ちなみに、仮にも当時ほぼ初対面の指導教官に向かって、本当に「おれ、やる!!」という言葉を吐いたのである。じつは、すでにこの研究室内では数人の先輩がアリヅカコオロギに関する初歩的な研究を進めていたのだが、その際に先輩らはとある専門家から助言をもらったという。教授は、「上野の科博（国立科学博物館の略：当時）にいるマルヤマ先生に連絡を取るように」と私に言った。マルヤマ？　誰だそいつ。

丸山宗利。くだんの博物館でポスドクをやっている男らしい。市野教授は、よその研究者のことを言うときにはかならず「先生」付けする。その影響で、私はてっきりその丸山先生というのを相当年配の人と思い込んでいた。齢40～50代で痩せぎす、メガネ面のおっさんを思い浮かべた。ちなみに、この丸山先生は数年後に本当に九州大学の助教になるのだが、私はずっと前から先見の明でこの人が出世するのを見込み、「先生」と呼んでいたことにしている。

さっそく、私はその丸山らしきものにお伺いのメールをしたためることにした。「はじめまして、私は信州大学の……」という丁寧な文面を適当に書いて送った。はたして、私はこの丸

＊寄主特異性とは、ある寄生生物種が、決まった種類の生物だけを寄主として利用する性質のこと。

山先生と共同で研究を進める運びとなった。しかし、先生とはその後もかなり長い間メールでのやり取りのみが続き、実際に直接お会いしたのはメールでの初接触から1年以上も経ったころだと思う。実際に対峙した丸山先生は、メガネ面なのを除けば当初私の頭で思い描いていたのとはほぼ真逆の姿形をした人物だったため、少なからずひるんでしまった。

それからというもの、私はこの丸山先生に同行して国内外のいろんな場所へサンプリング旅行に赴くようになった。その見た目の胡散臭さ、まがまがしさとは裏腹に、恐ろしく博識で頭が切れるこの男を、私はいつしか羨望の眼差しで見ていた。それまで、生き物にたずさわる研究者のなかで私が一番尊敬するのは、当時テレビの動物番組でも有名だった故・千石正一氏(「わくわく動物ランド」に出ていたころの彼に限る)だった。しかし、いまや千石先生と同等以上に、私はこの丸山先生を尊敬している。

蟋蟀を集めろ

すでに述べたように、学部の卒業研究で日本産アリヅカコオロギ属の分子系統解析を行うことになったわけだが、そのためにはまずサンプルを採ってこなければはじまらない。私は身の回りのいろんな環境で、いろんな種類のアリの巣をほじくり返し、アリヅカコオロギをランダムに採りまくった。なにぶん卒業研究なのと、このころはまだ全国各地を絨毯爆撃のごとくサンプリング行脚できるだけの金を与えられておらず、あくまで長野県周辺の限られた地域から得られた、わずかなサンプル数に基づく予備的な解析ではあったのだが。遠出できない私のために、丸山先生やその仲間の人々が、かなり辺鄙な地域のサンプルを宅配便で送ってくださったりもした。

これらのサンプルからDNAを抽出するわけだが、一つ気をつけることがある。前述の通り、アリヅカコオロギの種同定に使える形態形質は、現状では体表の毛だけである。昆虫の体からDNAを抽出する際には、特殊な酵素処理をして体内の組織などを溶かし出すのだが、このときに外骨格もある程度は溶けてしまう。だから、アリヅカコオロギを丸のまま酵素処理してしまうと、毛が溶けてしまって後で種を確認したいときに困ることになる。だから、私は各サンプルにつき後脚片方だけをむしり取り、これからDNAを抽出した。つまり、胴体部分は触らずに残しておいたわけである。この後脚というのも、そのままでは上手に抽出できないため、酵素処理前にはかならずマチ針で脚の腿節部に穴を1つあけ、中身がよく溶出されるようにした。わずか3ミリメートル程度のコオロギからとった1ミリメートル程度の脚に、マチ針で穴をあけるのは、いまでこそ「戦国じゃんだらりん三河物語」（山本正之）を口ずさみながら目視で朝飯前だが、当時は実体顕微鏡下でブルブル震える手先を押さえながらやったものだった。力の加減を間違えると、針先が脚をどこかに跳ね飛ばしてしまい、実験机の下に這いつくばって必死に探したのも昔語りだ。

こうして抽出したＤＮＡは、特定の塩基配列部位を増幅する処理をほどこした後で、シーケンサーという妙な機械にかける。これによって、系統推定に必要な部位の塩基配列を読み上げるのである。以上の手順を、手に入れたすべてのコオロギサンプルの抽出ＤＮＡに関して行う。最終的に得られた塩基配列の情報をもとにコンピュータで難しい計算をし、分子系統樹を作り上げる。かつては、分子系統樹を書いただけで学術雑誌に載った時代もあったらしいが、いまではそうはいかない。今日、系統樹は手段であって目的とは見なされない。作られた系統樹から可能な限りいろんな知見を絞り出し、いかに系統樹を「しゃぶり尽くせるか」に、研究者としての真価が現れる。もっとも、当時の私の系統樹はしゃぶる場所もないような貧相なものだったが、それでも得られた系統樹上に野外で得たデータ（寄主アリ種、生息環境など）を反映させ、何らかのパターンが見出せないかを確かめたのである。その結果、いくつか興味深い結果が出た。それはひとえに、野外でのサンプル採集時に、それぞれのサンプルに関してきちんとデータを記録していたことが功を奏している。

引きずり出された秘密

私は、形態では6種に区別できる日本産アリヅカコオロギ属を用いて系統樹を作ったのだが、

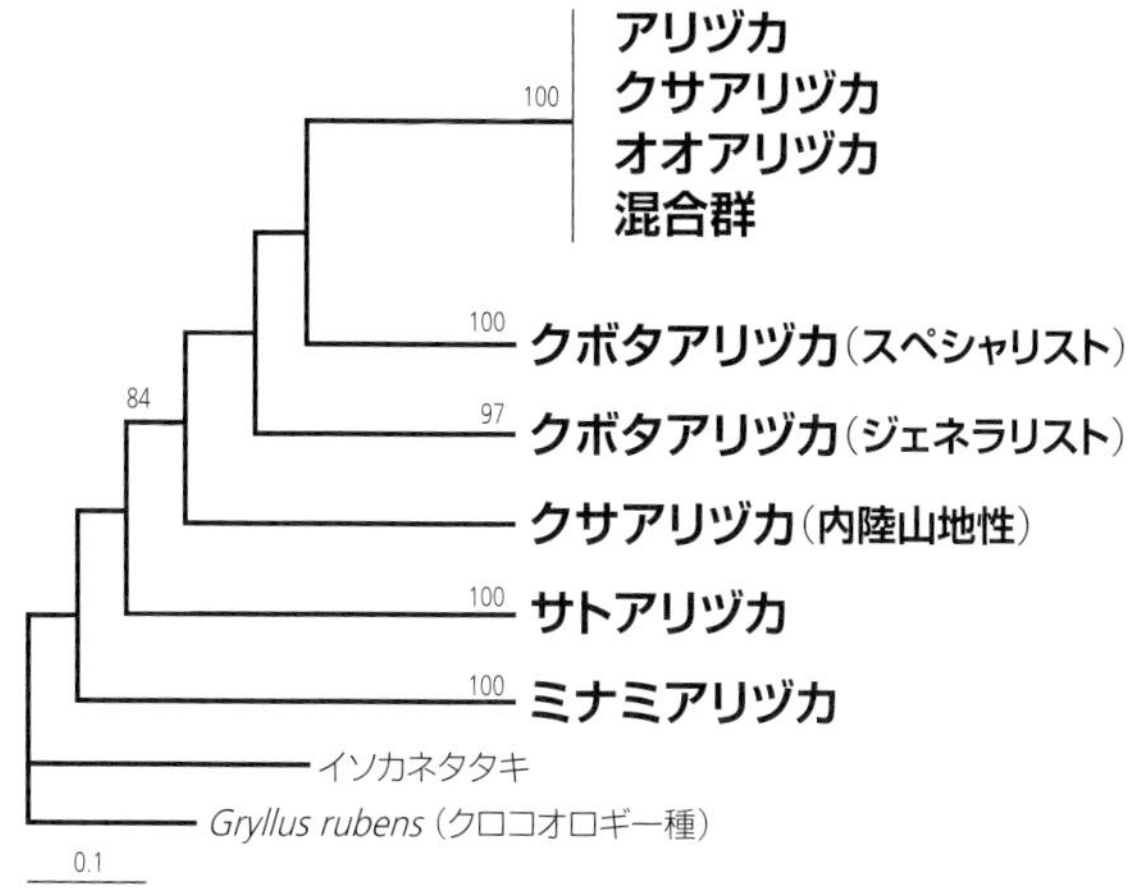

図2-20 ミトコンドリアDNA（cytb遺伝子, 434bp）に基づく,日本産アリヅカコオロギ6形態種の最尤系統樹（Komatsu *et al.,* 2008を改変）. ブートストラップ値は1000回試行により得られた値（＞50%）を枝上に示した. 左下の横棒の長さは10%の塩基置換率を表す

できあがった系統樹は形態による分類を反映しない部分のある代物だった［図2－20］。形態ではクボタアリヅカ、クサアリヅカ *M. kinomurai* という種に同定されたはずのサンプルそれぞれのなかに、遺伝的にはっきり分化した2系統が存在していたのだ。なかでもクボタアリヅカに関しては、分化した2系統間で主要寄主アリ分類群まで違っており、片方はフタフシアリ亜科のトビイロシワアリ *Tetramorium tsushimae* ほぼ1種のみを高頻度で利用していた（スペシャリスト）のに、もう片方はヤマアリ亜科の複数種を利用していた（ジェネラリスト）(Komatsu *et al.*, 2008, 2010)。現状では、この2系統というのが完全な別種か、同種内の異なる生態型なのかを判断できるだけの材料

は揃っていないが、このように1形態種が複数系統に分かれている例があるかと思えば、逆に形態では複数の種と判断されたサンプルがＤＮＡ（あくまで今回使用した遺伝子領域）ではまったく区別できない例も見受けられ（Komatsu *et al.*, 2008）、いまだ混沌をきわめる本属の分類学的な不透明さを改めて思い知った。

アリヅカコオロギ属は世界で60種程度が知られており、その大半が東南アジア地域に分布する（Maruyama, 2004）。しかし、それらはかつて日本産種でなされてきたように、体色などの不安定な形態形質により記載されてきた。かつて1、2種しかいないとされていた日本国内だけでさえ、肉眼で識別困難な複数種（系統）が存在するのだから、系統解析のサンプリング範囲を国外にまで広げたら、いったい本属は最終的に何種になるのだろうか。本属の寄主特異性進化の系譜は、どれほど複雑怪奇なさまを我々の眼前にさらけ出すのだろうか。私は、国内産種のサンプルをさらに拡充させるとともに、今後は海外産種サンプルの調達も視野に含めるべきだという気持ちを募らせた。

そして、寄主特異性が異なるという点で、ひとつ疑問に思ったことがある。いくつかの寄生者分類群（植食性昆虫、捕食寄生者など）においては、寄主範囲の広さと寄生行動の特殊化の程度との間に相関が見られる（Sheehan, 1986; Vet & Dicke, 1992; Dussourd, 1997; Bernays *et al.*, 2004）。すなわち、特定種の寄主だけを利用するスペシャリストの寄生者ほど、その寄主種をより効率よく

図2-21 毒草クワズイモ *Alocasia* sp. を専食するハムシ *Aplosonyx* sp.（マレー）. まず葉の表面に丸い切り取り線を作る. すると,線の内側部分の毒液が抜けるので, それから線の内側だけを食う. この毒草を食うことに, 行動的にスペシャライズしている

搾取するため、近縁のジェネラリストの寄生者には見られない特殊な寄生行動を発達させる傾向がある（例えば植食性昆虫ならば、有毒植物の茎や葉を食べる前に毒抜きをするのがより上手である、など。［図2－21］）。常識的に考えれば当たり前のことではあるのだが、ではその傾向はアリヅカコオロギにも当てはまるのだろうか。かたや1種のアリばかりを利用するスペシャリスト、かたや複数種のアリを利用するジェネラリスト。スペシャリストには、それをスペシャリストたらしめている何らかの理由がかならずある。だから、彼らは長い進化のなかで、その専門寄主アリ種をうまくだますための行動的な適応も遂げていると考えるのは当然だ。ただその一方で、アリヅカコオロギ属はどの種もぱっと見の外見は似通っていて、代わり映えがしない。いくら寄主特異性が違う種間であっても、そこまで行動が違う

ものなのかという思いも、この時点でなくはなかった。

アリヅカコオロギ属が示す興味深い性質は、寄主アリ種への特異性だけではない。彼らのなかには、かなり明瞭な生息環境の好みを示す種（系統）が存在することも判明した。クボタアリヅカにくわえサトアリヅカ *M. tetramorii* という種は、草原や荒れ地など、直射日光の照射する開けた環境のアリ巣内で得られる一方、クサアリヅカは、森林のように直射日光の照射しない環境のアリ巣内で得られる傾向が見られた（Komatsu *et al.*, 2008）。このうちサトアリヅカに関しては、ほとんどある1種のアリにしか寄生せず、その寄主アリ自体が基本的に開けた環境にしか生息しない（Komatsu *et al.*, 2013）。そのため、おのずとコオロギのほうも開けた環境ばかりで採れるというのは理解できる。不思議なのは、ジェネラリストのクボタアリヅカとクサアリヅカだ。この2種は、本州の関東以南では生息環境は違えど同所的に分布し、ともにヤマアリ亜科に含まれる複数アリ種を寄主としている。いくつかの寄主アリ種は、両コオロギ種間で重複しているのだが、それら重複寄主アリ種はとくに生息環境の好みがなく、基本的には森林にも荒れ地にも生息している。つまり、コオロギの側が能動的に生息環境を違えて住み分けをしているようなのだ。その実態を見て、私は「もしこの2種が何らかの不都合があって共存を避けているると仮定すると、2種が同所的に分布しない地域では環境による住み分けをしなくていいので、生息環境の好みが消失するのでは？」と思った。

その実態は、どうやらこの読み通りだったらしい。その後の調査により、クボタアリヅカがあきらかに分布しない北海道では、クサアリヅカはハビタット特異性*を消失することがわかった。すなわち、北海道のクサアリヅカは、本州以南ならばクボタアリヅカだけが得られるような明るい環境からも高頻度で採集されたのである（Komatsu, in prep）。では、なぜこの2種は同じ生息環境に共存できないのか。私は後述のように繁殖、もしくは採餌の面で競合があるのではないかと考えているが、まだわからない。今後の課題としたい。

以上の結果からわかったこと、そして新たに出てきた疑問をまとめてみる。

〈わかったこと〉

a．日本産アリヅカコオロギ属内では、形態種と分子系統の結果が一部一致しない。

b．「種（系統）ごとに、好んで寄生するアリ種が決まっている」という、形態分類で示唆されていた可能性が分子系統からも裏付けられた。

c．決まった生息環境の好みをもつ種（系統）が存在していた。

*ある生物種が、決まったタイプのハビタット（生息環境）にだけ生息する性質のこと。

〈新たに出てきた疑問点〉

a．種内系統、遺伝的に区別できない形態種の扱い（本当に同種なのか、別種なのか）。

b．海外産種では寄主（生息環境）特異性が日本産種とどう違うのか。

c．寄主特異性が違う種間では行動生態も違うのか。

これらの疑問点のうち、aは完全な分類の話であり、本属の分類学に関する心得が十分でない私がすぐさま解決できる問題ではない。タイプ標本*の検鏡を含め、今後じっくり腰を据えてやらないといけないだろう。そこで、当座はbとcの問題解決を目標に、私はさらに研究を続けていくことになった。

身の振り方は蟋蟀次第

信州大学理学部生物科学科を卒業した私は、引き続き信州大学大学院の修士課程、博士課程へと進んだ。とくに博士課程では、私は日本学術振興会の特別研究員ＤＣⅠというものに採用され、向こう3年間は潤沢な研究費を国から支給される身分になった。研究対象は、もちろんアリヅカコオロギだ。そこで、来るべき学位論文の執筆を見すえた私は、この身分と研究費をフルに使って国内のあちこちへ出かけ、予備的な系統樹を補完すべくサンプル収集を続けた。

また、このころから丸山先生が私を海外でのサンプリングに頻繁に誘ってくださるようになり、私は属全体の系統関係を把握するとともに、将来の分類的見直しのことも考え、海外産種のサンプル収集も本格的にはじめた。この海外でのサンプリングでは、予想だにしない数奇な運命が私を待ち受けていたのだが、それについては後で嫌というほど書くことにして、まずはまじめな話をすませる。

系統解析用のサンプルを集めると同時に、ある程度アリヅカコオロギの種（系統）を判別する基盤が整ってきたのを受けて、私は分子系統以外の切り口からもこの虫のことを本格的に調べはじめた。とくに、前々から気になっていた行動生態の観点からである。アリヅカコオロギ属の生態に関しては、国内外を問わず基本的に「アリの巣に入り込み、餌を盗む」以外の情報がなかった。本属は、かつては全種が寄主特異性を持たず、適当に不特定多数のアリ種の巣に勝手に入り込み、餌のおこぼれを頂戴する程度の虫だと考えられていた。だから、先人たちはこの虫の生態についてそれ以上掘り下げることなどないと思って、調べていなかったのだ。しかし、いまは状況が違う。アリヅカコオロギは、じつは種ごとに決まった寄主特異性を持つこ

＊ある生物種を新種として記載（発表）するとき、証拠として使われる現物の標本。その生物種を定義する基準として永遠に使われる。

とがわかってしまったのだから。そして、これまで外見で識別困難だった種（系統）を、いまなら区別できるのだ。そこで、かねてから目を付けていたある2種のコオロギを、まず標的とした。

蜜月のスペシャリスト

日本の南西諸島には、2種のアリヅカコオロギが分布する（正確にはもう1、2種いるが、めったに採れない珍種なのでここでは無視する）（丸山、2006：寺山・丸山、2007：丸山ら、2013）。このうち片方の種であるシロオビアリヅカ *M. albicinctus*（以下、シロオビ）は、野外ではヤマアリ亜科のアシナガキアリ *Anoplolepis gracilipes* の巣からのみ得られるスペシャリストなのに対し、もう片方の種であるミナミアリヅカ *M. formosanus*（以下、ミナミ）は、最大3亜科にまたがる複数アリ種（アシナガキアリを含む）の巣から得られるジェネラリストである。この2種のコオロギは同所的、同環境的に生息し、同じアリ種を寄主レパートリーに含むにもかかわらず、野外での寄主傾向がまるで違う。ならば、きっとアリ巣内での行動もまったく違っているはずである。しかも、日本のアリヅカコオロギ属としては例外的に、この2種は外見で容易に種判別ができるため、行動生態の比較観察には最適な材料だと思った。そこで、この2種の採餌行動、様々な条件下での生存率を比較し、アリヅカコオロギ属のスペシャリスト・

ジェネラリスト間での行動、アリへの依存度に関する違いが見られるかを確かめた。

まず、野外で2種のコオロギとその共通寄主アシナガキアリの1コロニーを採集した。アシナガキアリのコロニーサイズは巨大なので、1つのコロニーを徹底的に暴けば2種のコオロギを同時かつ大量に採れるのだ。採ったアリコロニーを複数の小容器に小分けにしたら、そのなかに2種のコオロギを別々に導入し、そこへコオロギが自然下のアリ巣内で食っていると予想される餌を3種設置した。餌はアシナガキアリの幼虫、昆虫の死骸（ミールワーム）、脱脂綿に含ませた砂糖水である。なお、砂糖水のみアリは登れるがコオロギは登れない高さ1センチメートルの台に載せ、コオロギが直接摂取できないようにした。自然下のアリの巣内において、液状餌は通常アリの体内（社会胃）にかくまわれた状態で存在するため、これを摂取するためにはアリの口から吐き出させる必要がある。それが2種のコオロギにできるかどうかを確かめる意図があっての操作だ。こうして、コオロギがアリに対してとる行動、アリから受ける反応を1時間連続して観察した。

その結果、スペシャリストのシロオビはどの観察個体もアリからほとんど敵対反応を受けることなくアリをグルーミングしたり、口移しでアリから餌を受け取るなどの親密な行動を高頻度で示していた。口移しの際に、シロオビはいずれの個体も前脚でアリの大顎を激しく叩く催促行動を示した。いっぽう、ジェネラリストのミナミはアリとの親密度が非常に低く、アリに体が触れそうになるたびに激しくアリから追い立てられていた。当然、口移しで餌を受け取れた個体はおらず、すべての観察個体が自力でアリの幼虫や昆虫の死骸といった固形餌をこそこそ拾い食うのに終始した［図2―22］。これらの結果から、アシナガキアリのスペシャリストであるシロオビは、ジェネラリストのミナミにはない親密なアリへの寄生行動を発達させていることがあきらかとなった（Komatsu *et al.*, 2009）。

本種が示した「餌をねだる際にアリの大顎を叩く行動」は興味深い。多くの種のアリは、仲間同士で口移しに餌を分け合う「栄養交換」を行う。このとき、餌を受け取る側はほどこす側の口元を前脚で細かく叩き、餌を催促する。そのため、アリは口元を連打されると反射的に餌を口から吐き出してしまうようになっているのだ。このアリの悲しき性（さが）を悪用しているのがシロオビなのである。アリの口元を叩いて餌をもらう行動はほかの分類群の好蟻性昆虫でも広く認められている行動だが、これをやる種はたいてい特定の1、2種のアリのみと緊密に関わるスペシャリストばかりである（Wheeler, 1908; Hölldobler, 1968; Hölldobler, 1971）。いくら口を叩けば自動販売機のように餌を出すとはいえ、アリはもともと自分の巣仲間以外に対しては攻撃的な生き物だ。たとえ同種でも巣が違えば「体の匂いがちがう！」といって殺し合うようなアリに対して、アリですらない生き物が餌を催促するのは、それなりに「勇気」がいる。だから、ある程度寄主アリ種を限定し、徹底的にその種のアリを特異的に手玉に取るための進化をとげたス

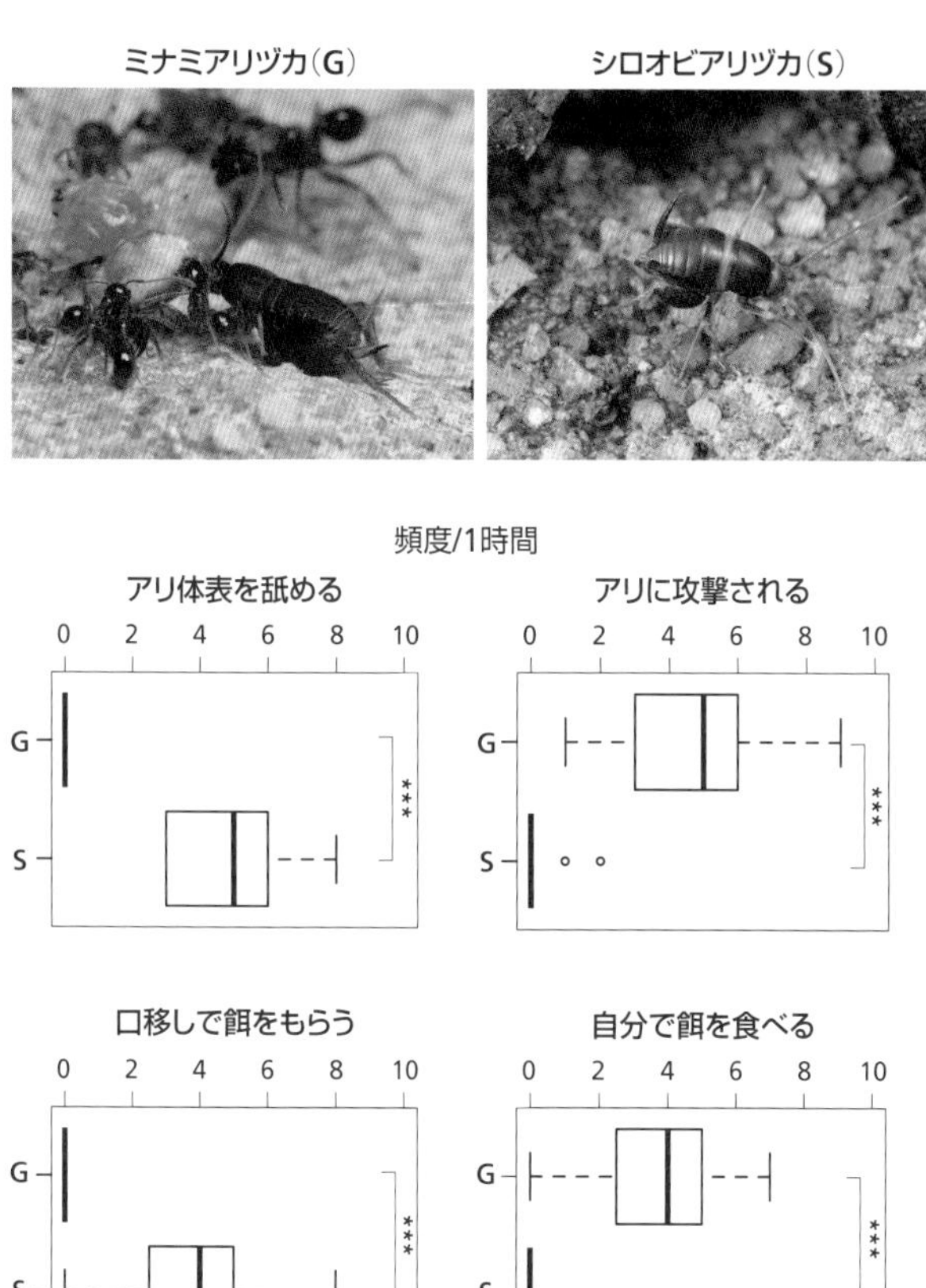

図2-22 アシナガキアリコロニー内でのミナミ（G），およびシロオビ（S）の行動（Komatsu *et al.*, 2009. 図は小松, 2010を改変）. 両種ともに, 各行動の観察結果は全観察個体（N＝20）の平均に基づく. ボックスプロットは第1四分位点, 中央値, 第3四分位点を示す. 上下の「ひげ」は最大値と最小値, 黒点は外れ値を示す. *P<0.05, **P<0.01, ***P<0.001（ウィルコクソンの符号順位和検定）. つまり「***」は「比較する2対象が, 統計的にまぐれとは言えないほどに異なる」という意味.

ペシャリストでないと、こういう行動はなかなかとれないのである。

シロオビは、専門寄主であるアシナガキアリを行動的にうまく手玉にとって、ジェネラリストよりも効率よくアシナガキアリを搾取していると言える。アシナガキアリは、攪乱された環境でしばしば優占種*となるため、アシナガキアリに支配された環境下ではスペシャリストのほうがアリから多くの餌を奪い取れるに違いない。こうして見ると、ジェネラリストのほうはアリに小突かれどおしで、まるでいいところなしのように思えてくる。ジェネラリストが優れている点はないのだろうか。

闘魂のジェネラリスト

そこで、本来の寄主アリがいない状況下でのコオロギの生存率を調べるため、前述のアシナガキアリコロニーから得られた2種のコオロギを、アシナガキアリ以外のアリコロニー内に導入し、餌を与えて1週間飼育した（餌は昆虫の死骸と砂糖水）。この実験で使った代理寄主アリは、野外で寄主としてミナミは利用するがシロオビは利用しないツヤオオズアリ *Pheidole megacephala* とトゲオオハリアリ *Diacamma* sp. である。いま考えると、対照区としてここにもう2、3種、ミナミも利用しないアリ種をくわえるべきだったと思う。アリヅカコオロギはアリから体表の匂いを奪って自分の身にまとい、匂いでアリになりきる「化学擬態」を行うが、この匂い成分はアリから奪ったそばから少しずつ揮発していき、数日で完全に消えてしまう(Akino *et al.*, 1996)。アリは匂いに敏感な生き物なので、この実験に先駆けてもともとの寄主であるアシナガキアリ由来の匂いによる影響をなくすべく、2種のコオロギに砂糖水だけを与えてあらかじめ1週間アリから隔離する処理をほどこした。

この導入実験の結果、トゲオオハリアリ・コロニーにおいてシロオビはすべての観察個体が速やかに食い殺されて全滅した。ミナミも最後には全滅したが、シロオビよりも素早い動きでアリの攻撃をかわすことができたため、より長期間生存できた。ツヤオオズアリ・コロニーでは、シロオビはやはり速やかに全滅したが、ミナミではアリからそれなりの攻撃的反応を受けつつも、大部分の観察個体が実験期間を生存できた(Komatsu *et al.*, 2009)［図2－23］。この実験結果は、これまで世間で通用していたアリヅカコオロギという虫に対する概念をくつがえすものである。アリヅカコオロギはアリから匂いを奪って自分のものにし、アリに仲間と勘違いさせると言われてきた。もし、アリヅカコオロギの全種が同じ能力を持っているならば、シロオビもトゲオオハリアリやツヤオオズアリから匂いを奪い、やがて馴染めたはずだ。なのに、馴染むどころか実験開始後すぐに全個体が殺されたところをみると、この種はもしかしたらアシナ

＊人間によって荒らされた環境を独占して利用する種。

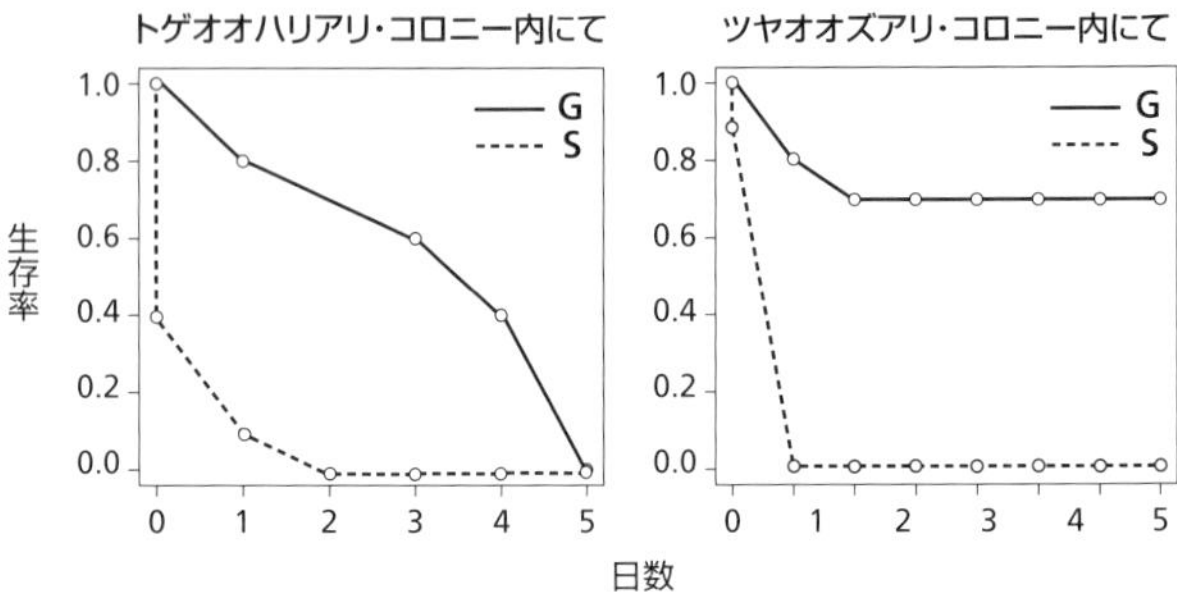

図2-23 代理寄主コロニー（トゲオオハリアリとツヤオオズアリ）内における2種のアリヅカコオロギの生存率（Komatsu *et al*., 2009. 図は小松, 2010を改変）. 実線はジェネラリストのミナミ(G), 破線はスペシャリストのシロオビ(S)を表す

ガキアリ寄生に特殊化しすぎてしまい、他種アリの匂いをうまく真似できない、あるいはもともと自力でアシナガキアリの匂いを生合成しており、他種アリをだませないという可能性が疑われるのである。トゲオオハリアリの巣内でミナミが全滅したのは、おそらく飼育容器面積に対してアリの数が多すぎ、アリに追われたコオロギが逃げきれなかったためだろう。野外では普通にこのアリ種の巣からミナミは得られるからだ。

私はこの寄主アリ入れ替え実験にくわえ、2種のコオロギをアリ不在の飼育容器内で2週間飼育する試みも行った（餌は昆虫の死骸と砂糖水）。容器内に餌を置き、腹が減ればコオロギは自由に餌を摂取できるようにしておいたのだが、その結果は驚くべきものだった。ミナミは、当然のように設置された餌を自力で食い、すべての観察個体が実験期間を生存した。ところが、シロオビは餌が目の前にある状況下でこれをまっ

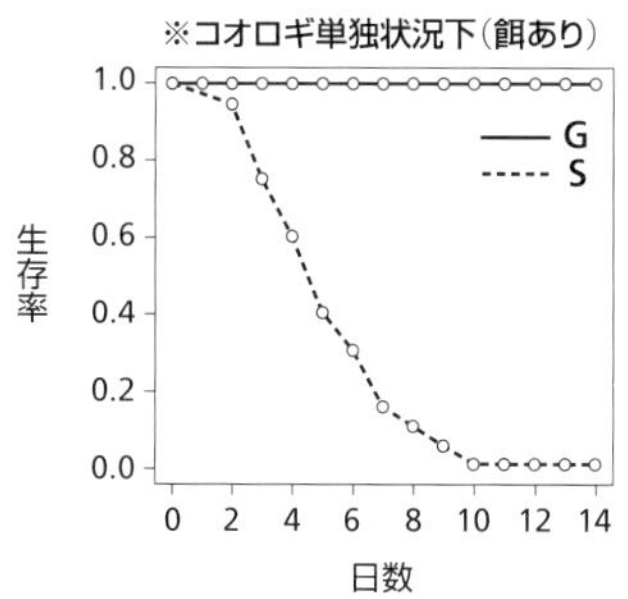

図2-24 アリ不在下における，2種のアリヅカコオロギの生存率（Komatsu *et al.*, 2009. 図は小松，2010を改変）．実線はジェネラリストのミナミ(G)，破線はスペシャリストのシロオビ(S)を表す

たく摂取せず、実験開始10日目にはすべての観察個体が餓死した。シロオビは、なんと自力では餌が食べられなかったのだ（Komatsu *et al.*, 2009）。じつを言うと、前述の入れ替え実験に使うシロオビをあらかじめ1週間アリから隔離するという処理だが、実験前に多くの個体がこの理由で餓死してしまうため、実験個体を用意するのが本当に大変だった［図2–24］。

以上の一連の結果から、ジェネラリストのミナミはスペシャリストのシロオビに比べ、生存に不適な状況下での生存率がすこぶる高いことがわかった。ミナミは、実験に用いたどの種のアリとも親密になる様子は観察されず、化学擬態の能力はおそらく低いと思われる。しかし、そのおかげで彼らは寄主アリ分類群を限定する必要がなくなり、どんな種のアリともつかず離れずの付き合いができるようになったのだ。しかも、ミナミは自力で餌を取る能力が高かった。だから、アリの巣の深部に入れなくとも、巣口周辺でアリが捨てるゴミを拾い食いしたり、アリが外から持ち帰る餌を行列の脇で横取りするだけでそこそこ生きていけるのである。実際、夜にアシナガキアリやオオズアリなどの巣口から延びる行列を観察すると、多くのミナミがうろついてはアリの餌を奪う様子が見られる。咬みつき、刺し、臭い蟻酸を持つアリを多くの捕食動物は嫌がるため、ミナミにとってコンスタントに餌がばらまかれ、捕食動物が寄り付きにくい環境さえ保証されれば、関わりを持つアリの種類はさほど問題ではないのだろう。それに、ミナミの住む南方地域のアリは、しょっちゅう営巣場所を変える種が多い。南西諸島の道ばたの石を裏返すと、こうしたアリの引っ越しについて行きそびれたらしいミナミが単独でよく見つかる。アリから一時的に離れねばならない状況下では、自力で生き延びるミナミの生存戦略は有利に働くだろう。

野外で寄主範囲の広さがまったく異なるジェネラリストのミナミとスペシャリストのシロオビは、行動生態的にもまったく異なっていた。そんな両極端の性質を持った種が、1つの島に共存しているというのが興味深い。地域により、そこに一番普通に住むアリの種構成が異なっていて、そのことがアリヅカコオロギ属に対してどのように寄主を利用していくかという性質の進化に影響している、というシナリオだったらいろいろ面白いのだが。

半端ものたち

南西諸島のミナミとシロオビは、かたや寄主範囲が亜科を超えたジェネラリスト、かたや寄主が1種のみのスペシャリストという、非常に極端な寄主傾向を示していた。しかし、すべての種のアリヅカコオロギがこのような寄主傾向をしめすわけではない。最初の分子系統解析の話で出てきた本土産の種、クボタアリヅカ（以下、クボタ）を思い出してほしい。

クボタには遺伝的にへだたり、寄主傾向の異なる2つの系統がいるという話をした。この2系統というのは、片方がフタフシアリ亜科のトビイロシワアリ1種を高頻度で（絶対ではない）利用するスペシャリスト、もう片方はヤマアリ亜科という単一の亜科内だけに限った複数種を利用するジェネラリストだった。つまりどちらのクボタも、ミナミやシロオビほど厳密にはスペシャリストにもジェネラリストにもなりきれていない、中途半端な寄主傾向をしめしているのだ。ミナミとシロオビは、ともに寄主範囲の広さ（狭さ）を反映した行動的な特殊化の程度を見せていた。このことから、私は「中途半端な寄主傾向の種なら、行動的な特殊化の程度も中途半端なのではないか？」と考えた。そこで、私は2つのタイプのクボタそれぞれについて、先述のミナミとシロオビの行動観察で用いたのと同じ方法により、それぞれの寄主アリコロニー内での行動観察を行ってみた。

その結果、ジェネラリストはスペシャリストに比べてアリから敵対的行動を受けやすく、スペシャリストはジェネラリストに比べてアリの体表をグルーミングする親密的行動をとりやすい傾向が、統計的に有意に認められた。ここまでは南西諸島のミナミとシロオビ間の比較の結果と同じだが、違うのはここからだ。極端なジェネラリストであるミナミはアリに対していっさい物理的接触を試みようとしなかったが、ジェネラリストのクボタは一定の割合でアリと能動的な物理的接触を行ったのだ。そして、クボタのスペシャリストはジェネラリストほどではないが自力での採餌能力を持っており、ジェネラリストはスペシャリストほどではないがアリから口移し給餌を受ける能力を持っていることがわかった［図2-25］。つまり、私の予想通り、クボタの「中途半端なスペシャリスト、ジェネラリスト」は、極端なスペシャリストのようにアリから口移しで餌をもらうことも、極端なジェネラリストのように自力で固形餌を摂取することもそこそこできる「両刀遣い」だったのだ（Komatsu *et al.*, 2010）。

また、スペシャリスト、ジェネラリストの別なく、クボタはアリから口移し給餌をされる際に、シロオビのように前脚でアリの大顎を連打する催促行動をいっさいとらないことがわかった。これでは、シロオビほど餌を効率よくアリに吐き出させることはできないだろう。しかし、クボタは自力でもそれなりに餌を食べられるため、そもそも別に口移しで餌をもらうことにこだわらなくていいのだ。だから、餌をアリに催促するための特殊な行動を発達させる必要がなかったわけである。

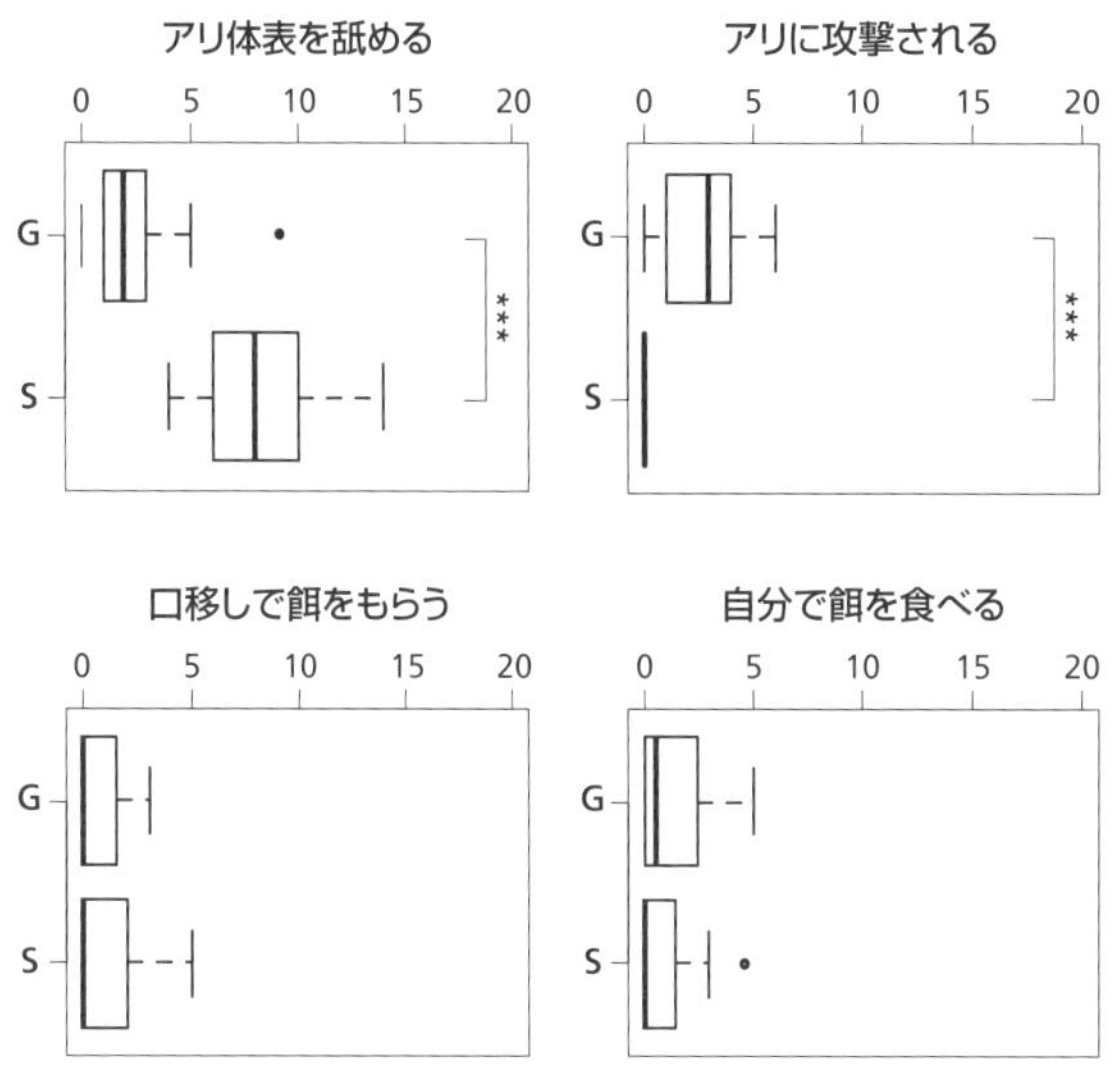

図2-25 2タイプのクボタアリヅカにおける行動．スペシャリストはトビイロシワアリ，ジェネラリストはトビイロケアリのコロニーをそれぞれ寄主コロニーとして使用した．2タイプのクボタは外見での正確な判別が難しいので，先に目測でタイプ分けした個体により行動データを取ったのちにサンプルからDNAを抽出し，分子系統樹に組み込むことでタイプを確認した．箱ひげ図の見方は図2-22に準ずる．*P<0.05，**P<0.01，***P<0.001（ウィルコクソンの符号順位和検定）

好きよ好きよも嫌いのうち

以上、４種（系統）のアリヅカコオロギの行動を見てきた。これらを並べて見てみると、寄主範囲の広さや寄生行動の親密さの程度がグラデーションになっているように見える［図2－26］。これらコオロギは、寄主アリ種がすべて同じとは限らない。条件の違うもの同士を単純に比較するのは不適切かもしれないが、それでもたった単一属内の、外見もたいして代わり映えしない昆虫種間で、行動生態や寄主特異性にここまでバリエーションがあるという事実には驚くべきものがある。

これを見て、私は「寄主範囲が広い種ほどアリとは不仲で、寄主範囲が狭い種ほどアリと仲よし」という法則が本属内にあるような気がしてきた。寄主範囲が狭い種のアリヅカコオロギは、はたして例外なくアリに対して親密にふるまえるのだろうか。そこで、私は新たなスペシャリスト、サトアリヅカ（以下、サト）に目をつけたのである。

サトは日本の本州南部から九州にかけて広く生息する種で、前にも少し触れたが、野外では高率で（絶対ではない）トビイロシワアリの巣内から得られる。トビイロシワアリへの寄生にかなり特殊化している種なのだから、きっとこの種もアリに対して口移し給餌をほどこされ、丁重なもてなしを受けるはずである。そんなわかりきった結果を一応きちんと目で見て確かめておこうと思い、ミナミとシロオビ、そしてクボタで行ったのと同じやり方で、サトのトビイ

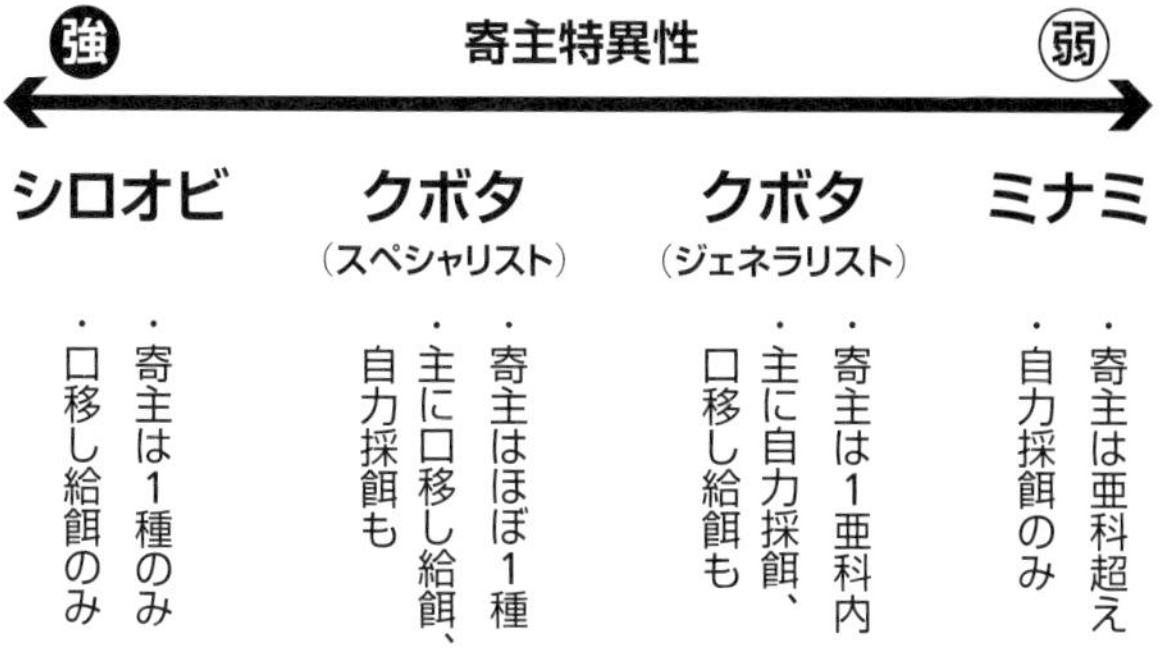

図2-26 日本産アリヅカコオロギ属4種における, 寄主特異性の傾向一覧

ロシワアリ・コロニー内での行動を観察してみた。すると、その結果はまるで予想外のものとなった。何でも、ちゃんと試してみるものである。

　サトは、どの観察個体もアリから敵対的な反応を受けており、口移しで餌をもらうどころか、物理的接触さえできなかったのだ（Komatsu *et al.*, 2013）。そのため、彼らはいずれの個体も、固形餌だけを自力で拾い食いするのに終始した。これは生態的には、むしろ極端なジェネラリストであるミナミの生態そのものではないか。サトは野外での寄主範囲だけ見ればスペシャリストなのに、生態はジェネラリストなのである。一般的に、寄生者分類群を扱う研究において、その分類群に含まれる個々の種の寄主特異性を判断する場合、野外で観察される寄主範囲の広さ狭さだけを考慮する傾向がある。しかし、このサトの生態を見て以来、こういう判断の仕方はいかがなものだろうかと思うようになった。もちろん、その分類群すべての種類を採ってきて室内で飼育し、それらの行動を全部確かめるなどというのは現実的ではないのだが、常に頭の片隅には置いておきたい問題だと思う。

なぜ、サトがスペシャリストなのに寄主アリと協調できないのかは不明だが、私は以下のような仮説を考えている。アリヅカコオロギ属は、少なくとも日本産種に限っては生殖器の形態に種間差がなく（Maruyama, 2006：だからこそ分類形質としてまったく使えない）、物理的には種間交雑が可能な分類群と考えられる。それをふまえてみれば、日本の本土に分布するアリヅカコオロギの各種は、大雑把に生息環境を違えて住み分けている。そして、運悪く同じ生息環境に住む種間では、寄主アリ分類群を違える傾向がある。つまり、こうしたアリヅカコオロギ種間における寄主アリ種や生息環境の住み分けは、異種間同士の遭遇機会をなるべく減らすという生殖前隔離機構として働いているのではないかと、私は思うのである。実際、これまでのサンプリングで1つのアリ巣内から複数種のアリヅカコオロギが同時に得られたことは、あくまで日本本土に限ればほとんどない。

しかし、トビイロシワアリだけは例外である。トビイロシワアリには、これを高率で寄主として利用するスペシャリストが2種いるからだ。それがサトと、先述のスペシャリストのクボタである。サトはどちらかというと温暖な地域に多いため、西日本では1つのトビイロシワアリ巣内からこの2種のコオロギが同時に採れることが珍しくない。そのため、この2種のコオロギは資源利用の方法を違えることで（サトはアリの食い残した虫の死骸などの固形餌、スペシャリストのクボタは主にアリからの口移し給餌）、1つのアリコロニー内において生息する微環境をずらし、なるべく鉢合わせしないようにしているのではないか。この2種のコオロギを1つのトビイロシワアリ・コロニー内で飼育すると、サトはアリとなじめずにややアリの群れから離れた場所でたたずんでいるのに対し、クボタは積極的にアリの群れに分け入り、完全に群れに同化している。餌を与えると、クボタはアリと餌を分け合って食べたり口移しで給餌されたりする。いっぽう、サトは素早く走り回り、アリの隙をついて餌をくわえ上げて逃げ、アリから離れた安全なところで食べる。トビイロシワアリ属のアリは、アリとしては比較的動作が鈍くおっとりしているため、素早いアリヅカコオロギの動きに対応しきれない。つまり、サトはスペシャリストではあるのだが、それは「親密のスペシャリスト」ではなく、「動きが鈍いアリの上前をはねるスペシャリスト」だと考えられるのだ（Komatsu *et al.*, 2013）。

アリヅカコオロギは、種ごとに採餌方法が大きく異なっていた。そこで、私はさらなる疑問に直面した。ここまで餌の食い方が違うならば、大顎の形態もコオロギ種間で大きく違っているのではないかと考えたのである。そこで、現在私は複数種のアリヅカコオロギについて、大顎の形態比較に関する解析を行っている。まだ詳細は明かせないが、私の思った通りの結果が出つつあるとだけ申し上げておこう。*

コラム●アリの巣ほじって何になる

「好蟻性生物の研究をしている」という話を方々ですると、人から「それが何の役にたつのか？」とか「そんなもの研究する価値があるのか？」などと言われることがある。ただただ、奇をてらって人がいままで関心を持たなかっただけの生物分類群を材料にし、パイオニア気分に浸っている視野狭窄な人間と思われているらしい。しかし、もし好蟻性生物の研究者に対してそういうイメージを持つ人間がいるなら、あえて言おう。そのイメージこそが視野狭窄であると。

好蟻性生物の魅力は、何といっても「生物多様性」というものを端的に見渡せるところにある。世のなかに、好蟻性生物というものを非常に狭い分野かつ特殊な研究材料だと思っている人間は多い。だが、昆虫だけ見ても、現在知られている目(もく)のうち半分近くのものが好蟻性の種を含んでいる。そして、好蟻性を進化させたのは昆虫だけではない。クモやダニ、ヤスデ、甲殻類にも見られるし、節足動物以外にも軟体動物、線形動物、扁形動物、原生動物などにさえいる。脊椎動物のような高等な動物のなかにも、当然いる。驚くことに植物、菌類から細菌類、ウイルスにいたるまでアリ・シロアリと関係を持たねば生きていけない種が山のようにいるのだ［図2-27］。だから、好蟻性生物を本気で研究しようと思えば、あらゆる分類群の生き物について勉強し、博識にならねばいけないのである。

「アリと好蟻性生物」という系は、これまで生物間相互作用にかかる研究材料として用いられてきた「植物と植食性昆虫」や「寄主と捕食寄生者」などの系とは、ある点で大いに趣を異にする。それは、寄主となる側がアリしかいないということだ。世界中にアリは1万種近く存在し、それぞれの種は形態的にも生態的にもまるで別分類群の生物であるかのように多様化している。しかし、それでもアリはアリだ。地球上に

＊この大顎の比較に関する論文が2018年に出た。ミナミ、ジェネラリストクボタ、サト、シロオビの4種それぞれについて、複数個体を用いて左右の大顎にある歯の数と、頭サイズに対する大顎の長さの比を計測し、4種間で比較した。結果、シロオビは固形物の餌を食べない生態を反映するかのように、頭サイズに対する大顎の長さが最も短く、また歯の数も減少していることがわかった。一方、同じスペシャリストでありながら固形物を食べるサトに、大顎退化の傾向は見られなかった（Komatsu, 2018）。

図2-27 好(白)蟻性植物および菌類. a:アリノスダマ *Hydnophytum* sp.(フィリピン). 着生植物の一種で,膨らんだ植物体内に多くの空洞を持ち, アリを住まわせる. 体内でアリが出すゴミなどを栄養に育つ. b:ターマイトボール *Fibularhizoctonia* sp.(長野). ヤマトシロアリ *Reticulitermes speratus* 巣内におり, シロアリの卵に擬態して一緒に守られる菌類 (Matsuura *et al*., 2000). オレンジがかった色味のものがターマイトボール.

生命が現れて以来、幾重にも枝分かれしてきた進化の系譜、生命の系統樹のたかだか末端の枝葉、「節足動物門昆虫綱膜翅目細腰亜目スズメバチ上科アリ科」という部分集合の一つにすぎない。そのたかが1本の枝葉たるアリに、生存のすべてを依存してしまったのが好蟻性生物だ。そんな生き物が、寄主であるアリとともにこの世のあらゆる陸上生態系を席巻しているのである。好蟻性生物は、いずれもアリに寄り添い利用するために特殊な進化を遂げた、選りすぐりの精鋭ぞろいだ。アリというただ1つの分類群の生物が、文字通り地球上の「あり」とあらゆる地域の、「あり」とあらゆる陸上生物の種分化・進化に干渉し続けた結果である。こんな壮大な話、ほかにそうそうないだろう。

ヨーロッパのことわざに、「森の下には森がある」というのがある。森の落ち葉の下に住む糞転がしに関する本（塚本、1994）を読んではじめて知った言葉だが、地中（とは限らない）に広がるアリと好蟻性生物の織り成す複雑な生態系もまた、まさしく大きな森の下に存在する、もうひとつの森だ。陸の深海と言ってもいい。しかも、その深海は本物の深海と違って、我々にとって遠い世界ではない。家の庭先や近所の公園にさえあるのだ。「生物多様性は大事だから守れ」と口先だけで言うのはたやすいが、なぜそれが大事で守らねばならないのかについては、じつのところどんな高名な生物学者のセンセイでも明白に答えがたい。そんななか、生き物同士のつながり合いという漠然としたものを理解するにあたって、この「身近で多様」な好蟻性生物たち以上に最適な材料はない。私はそう確信している。

世界征服への道、約束された勝利

大学院修士より始まったこの数年間、いろんな国へ分子系統解析用のアリヅカコオロギのサンプルを採集しに行った［図2−28］。この文章を書いている時点でかなり広範囲の国々からサ

図2-28 海外で出会ったアリヅカコオロギたち．a：体に帯が2本ある種（タイ）．東南アジアの広域で見られ，日本の南西諸島にも少しいる．たいていのアリ種とはとりあえず共存できる，節操のない奴．b：放浪性の凶暴な肉食アリ，ハシリハリアリ属 *Leptogenys* と共生する種（タイ）．たぶんスペシャリスト性が高い種だが，別亜科の複数アリ種とも共存できる．本属としては異様に長い脚と触角は，攻撃的な大型ハリアリ類の生態に適応した賜物だろう．ハシリハリアリ属には，インドシナではコオロギがつくが，なぜかマレー半島の周辺では全然つかない．c：森林性オオアリ属 *Camponotus* と共生する種（マレー）．7mm近くある大型種．体が大きいので，大型アリの巣にしか住めない．しかし，分子情報を見る限り体の小さい幼虫も大型アリの巣でしか採れないようなので，単に体のサイズで寄主アリの種を決めているわけではないと思う．d：森林性オオアリ属と共生する種（マレー）．cの種と同じ地域で見られるが，これまで採れているのは例外なく地面から浮いた樹上のオオアリの巣．地面のアリの巣からは一度も採れていない

ンプルが手元に集まっている。アジアでは香港、ベトナム、カンボジア、タイ、インドネシア、マレーシア、ボルネオ、フィリピン、パプアニューギニア。これに、海外の研究者から頂いたヨーロッパ、北米のサンプルが加わった。しかし、これでもまだまだ全記載種の網羅には程遠い状況である。一番欲しい、中国や朝鮮半島といったアジア大陸温帯のサンプルが欠けているのでどうにかしたいが、政治的な問題が顕在化している時期なので、どのくらいこれから収集できるか不透明だ。オーストラリア産のサンプルも欲しいが、あの国はサンプル持ち出しが困難である。驚くべきことに、中東アフガニスタンからも記載されている（Maruyama, 2004）。これは、戦場カメラマンにでもならねば無理だ。こうした「難しい」地域のサンプルの問題はゆくゆくどうにかするとして、アジア産種の網羅的な分子系統解析だけは早めに論文にしてしまいたい。そのための解析を現在粛々と続けている。ミトコンドリアDNA系統樹に関してはすでにかなりまっとうな結果ができあがりつつあり、学位論文には載せた。これを国際的な学術雑誌に載せるためには、核DNAによる系統解析も行いつつ、難しい解析処理をいくつも重ねる必要がある。

アリヅカコオロギ属は、アリに対する行動的親密度や依存度の程度が多岐に分化した分類群であった。そのめまぐるしい生態的な多様化は、属内でどのように進化してきたのだろうか。好蟻性昆虫において形質状態と分子系統解析をリンクさせた研究は、幼虫期にアリ巣内で暮らす蝶・ゴマシジミ属 *Maculinea* で行われているのみである。この仲間のなかにも、アリヅカコオロギのように固形餌（アリの幼虫）を食う種と、アリから口移し給餌を受けて育つ親密性のより高い種が混ざっているのだが、分子系統解析により、本属内では約500万年前にアリ幼虫を食う系統群から、口移し給餌を受ける系統群が派生したことが示唆されている（Als *et al.*, 2004）。しかし、属内でこうした寄生様式の二極化が起きた背景についてはよくわかっていない。そして、ゴマシジミ属は世界的に分布や生息域が限られるうえに、寄主範囲は単一属（クシケアリ属 *Myrmica*）に限定されている。いっぽう、アリヅカコオロギ属は属レベルではきわめて多くのアリの高次分類群と関係を持つため、アリ科全体の進化や多様化と関連付けて、寄主特異性の進化や多様化を考察できる。さらに、採集の容易さ（少なくとも私にとっては）や世界的な分布の広さという点から見ても、アリヅカコオロギ属は寄主・寄生者間の相互作用進化を考えるうえで、非常に魅力的な分類群と言える。なお、現時点の解析では、アリヅカコオロギ属は属内の系統的な新旧にかかわらず、いくつかの系統群内で寄主特異性が強いスペシャリスト種が突然出現しており、ある程度の方向性を持って寄主特異性を進化させる傾向のある植食性昆虫などの系とはかなり趣を異にする様相を呈している（Komatsu *et al.*, 未発表）。

私にとって数ある昆虫のなかからこのアリヅカコオロギを研究材料、いやパートナーとして選んだのは幸せだった。アリヅカコオロギというのは珍しいように思えて、そのじつどこでも採れる普通の昆虫である。寄主であるアリさえいれば、国内外を問わず、手つかずの原生林だろうが大都会の公園だろうが、とにかくもうどこにでもいる。日本国内での水平分布なら北は北海道から南は与那国島まで、垂直分布では標高0メートル以下から1600メートル辺りまで確認している（酒井・寺山、1995：T. K., personal observation）。伊豆諸島や対馬など、本土周辺の島嶼にも生息するし（酒井・寺山、1995：Komatsu, 2015）、誕生以来、一度たりとも大陸と地続きになったことのない絶海の孤島、小笠原諸島にさえいるのだ（Maruyama, 2006）。寒冷地を除けば、夏でも冬でも年中採集できる。だから、国から研究費がもらえた学振DCI時代は「アリヅカコオロギを採集しに行く」と言い張れば、公費で日本中どこにでも旅行できた。いざ行けば、けっして手ぶらで帰る心配のない材料である。期待される以上の成果が確実に得られるのはすでに行く前からわかっているので、私はよそへ採集旅行に行く際にはアリヅカコオロギより、その時期その場所でどんなほかの虫が採れるかだけを考えた。逆に言えば、採りたいほかの虫の発生時期に合わせてサンプリング計画を立てることができたのだ。私にとってこんな都合のいい材料が、ほかにあるだろうか。

寄主範囲の異なる寄生生物の種間で、寄生行動の特殊化の程度が違うのは当然だと思われるかもしれない。しかし、繰り返すようにこの生態的な多様化はごく近縁な同属内、しかも外見の姿が似たり寄ったりの種間で起きているのだ。アリヅカコオロギ属というたった1つの分類群内で、こうした自由奔放に過ぎる多様化はどのように起きたのだろうか。私はもっとこの分類群と付き合い、その謎を解明したい。そのついでに、いろんな場所へ虫採りに行きたい。おれは、蟻塚蟋蟀を絶対手放さない。

コラム●アリの巣ほじって何になる・セカンド

生物多様性への理解などという情緒的・漠然的な面だけでなく、じつは応用面でも好蟻性生物の研究は重要たりえる。近年、物流の活発化にともなって繁殖力の強い侵略的外来種アリが侵入し、その土地固有の生態系、あるいは人間の経済活動に大きな悪影響を与える事例が、地球規模で起きている。こうした人為的な要因で分布を広げるアリのことを、「放浪種」とも言う。侵略的外来種とされるアリはいずれの種もコロニー規模が巨大で、攻撃的な性質を持ち、侵入先で土着の生物を片っ端から食い殺したり追いやったりする。もちろん、人間も標的の一つだ。その攻撃は、人間を咬んだり刺したりするなどの直接的な被害はもとより、居住区内にまで侵入して精神的不

図2-29 アルゼンチンアリ *Linepithema humile*（岐阜）

安を与えたり、農作物や食品をダメにするなどの間接的な被害にいたるまで、多岐に及ぶ。日本でもアルゼンチンアリ *Linepithema humile*［図2－29］など、じわじわと外来種アリの侵攻が進みつつある。

こういうアリは、一度定着すると駆除が難しい。アリの巣というのは女王を殺せば消滅すると思われているが、放浪種の場合、1コロニー内に女王が何十匹もいるから、たった1匹でも女王を駆除しそこねれば元の木阿弥だ。諸外国ではこうしたアリを駆除するため強力な殺虫剤を撒いた歴史もあるが、それらはたいてい環境を汚染し、生態系を攪乱しただけで終わっている（東ら、2008）。各国の研究者たちが、これら厄介な外来種アリの防除法の開発に躍起になっているが、いまだ決定打が打ち出せずにいる

図2-30 アカヒアリとは別種のファイヤーアント *Solenopsis* sp.の頭上を飛ぶナマクビノミバエ *Pseudacteon* sp.（ペルー）．素早くアリに体当たりして，産卵する

のだ。

そんな防除法のなかで比較的うまく行きそうな様相を呈するものの一つに、アリのスペシャリスト天敵、つまり好蟻性生物の利用がある。例えば、いまや世界各地に分布を拡大した毒アリ・ファイヤーアント（アカヒアリ）*Solenopsis invicta* は、様々な移入先で猛烈に大繁殖し、その強力な毒針で土着生物の生息、はては人間の健康まで脅かしている。しかし、その原産地とされる中南米では、こうした「暴走」は認められない。なぜなら、原産地にはこの毒アリと古くから関わり続けてきた多くの好蟻性生物（寄生性ノミバエ、病原性微生物）がおり、これらの寄生や捕食が毒アリの増殖を抑えているからだ［図2－30］。南米では、じつに100種近い

好蟻性生物がファイヤーアントと関わり、そのうちのいくつかは有力な天敵として作用する可能性がある（Wojcik, 1990）。現在、この毒アリの侵入地域では試験的に寄生性ノミバエを放すことで、一定の防除成果がでているようだ。もっとも、天敵というのはあくまで害虫の密度を抑えるのには役立つが、滅ぼすことはできないものである。自らの餌を滅ぶまで狩りつくすバカな動物は人間くらいしかいないことは、昨今のウナギやマグロをめぐる状況を見ればわかるだろう。しかし、こうしたファイヤーアントの天敵は、ファイヤーアントだけを標的にするはずなので、殺虫剤の散布に比べれば土着生態系に与える負荷は最小限に抑えられるはずだ。

ファイヤーアントのように原産地がある程度特定できていれば、天敵となる好蟻性生物の探索も容易だが、なかには原産地がよくわかっていない外来種アリもいる。先に出てきたシロオビアリヅカの寄主、アシナガキアリがそれだ。「イエロークレイジーアント」と呼ばれるこのアリも移入先で害虫化する放浪種の一種で、繁殖力のすさまじさ、他の動物への攻撃性、そして農作物の害虫であるアブラムシなどを排泄物である甘露目的で保護し、農作物への被害を増長させる性質が問題になっている（Reimer *et al.*, 1990; Lowe *et al.*, 2000 など）。オーストラリアのクリスマス島のように、狭い島嶼域に侵入されて深刻な事態に陥っているケースもある（O'Dowd *et al.*, 2003）。ところが、このアリは原産地がどこなのか、いまだにはっきりと特定されていない。かつてはその近縁種が多く分布するアフリカ大陸が起源という憶測があったが（Wilson & Taylor, 1967; Lewis *et al.*, 1976; Lester & Tavite, 2004）、アジアではないかとの見方もある（Kempf, 1972; Wetterer, 2005; Sebastien *et al.*, 2012）。いまではＤＮＡで外来種の侵入経路を調べることが技術的に可能なのだから、そんなアリの故郷くらいすぐにわかりそうなものだが、そう簡単にいかないことは現状が物語っている。外来種というのは、種によっては、あまりに世界中に分布が広がりすぎているのみならず、最近の人間による複雑な物資往来により、１つの国に複数地域（それも本来の故郷ではなく、すでに人為移入されて定着した地域）からたびたび侵入しているケースも多い（Saunders, 1916; Asou & Sekiguchi, 2002; Sunamura *et al.*, 2009 など）。アシナガキアリもどうやらその例に漏れないらしく、その系統地理学的な研究は、比較的狭い地域を標的にしたものにとどまっている（Drescher *et al.*, 2007; Thomas et al., 2010）。

そこで役に立つのが、その放浪種アリと密接に関係する好蟻性生物である。アシナガキアリを例にとれば、このアリにはきわめて親密な関係をもつシロオビアリヅカがアジアから知られている。じつは、アリヅカコオロギ属はアフリカ大陸にはほとんど分布しない（Maruyama, 2004）。その上、アジアにはシロオビアリヅカ以外にもアシナガキアリとだけ関係を持ち、あきらかにアジアにしか存在しないであろうスペシャリスト好蟻性生物がいくつも存在する。そうしたことから、アシナガキアリはじつはもともとアジアにいたのではないかという予測が立てられるのだ。アリの側にくわえ、複数種のスペシャリストの好蟻性生物を用いて個体群の遺伝子構造解析を行えば、かなり正確な放浪種アリの起源や侵入経路が判明するのではないだろうか。それがわかれば、防除に有用な天敵の探索も可能になるだろう。現在、私は東南アジア各国から集めたシロオビアリヅカの系統地理解析を行っている。これは、寄生者の観点から外来種（とされている）アリの起源を探る試みであり、その結果は近日中に日の目を見る見通しだ（Komatsu *et al.*, 準備中）。

ことさらアシナガキアリに関しては、私はシロオビアリヅカそのものがアリの防除に使えるのではないかという可能性を信じている。シロオビアリヅカは1つのコロニー内での寄生個体数がしばしば相当数におよぶ。彼らは頻繁にアリから餌を奪うため、その存在はアシナガキアリのコロニー成長にとって大きな負荷になっているはずだ。アジア地域では、日本の沖縄本島などのようにアシナガキアリの生息密度がかなり高いにもかかわらず、このアリが現地の生態系に壊滅的な負荷を与えているとは思えない地域がたくさんある。その理由の一つに、シロオビアリヅカの寄生により被る栄養面での負荷があるのではないかと考えている。もし、より高頻度で餌を要求するシロオビアリヅカを品種改良で作ったらどうなるだろうか。

少々楽観的な考えかも知れないが、不可能ではないと思う。しかし、もしそれを実現できるとなった場合、シロオビアリヅカを大量に養殖する技術が必要となる。本種はほかのアリヅカコオロギ類と違って飼育が難しく、繁殖させるにもコツがいる。このコオロギの飼育に必須となる、寄主であるアシナガキアリの飼育自体が難しいのだ。だが、私はそのもろもろの技術を持っている。全国の志ある製薬会社関係の人々、そろそろ小松をヘッドハンティングしてもいい頃合だと思う。

長々と書いたが、結論として言いたいのはただ1つ。アリの巣いじりをしている私に、気安く「いい年してアリの巣いじって……」などと言ってはならない。遊んでいるのではなく、地球の歴史と人類の未来に思いを馳せて「仕事」をしているのだから。

第3章 ジャングルクルセイダーズ

大学院修士課程に進学して間もないあるとき、丸山先生からマレーシアでの海外調査に一緒に行こうと誘われた。海外なんてはじめてだったので不安もあったが、断る理由はない。何しろ、アリヅカコオロギ属の主要分布域である東南アジアにみずから乗り込み、サンプリングを行う絶好の機会なのだから。かくして、私は生まれてはじめて国際線の飛行機に乗り、マレーシアへと乗り込んだのだった。前日は興奮で一睡もできなかった。夢にまで見たジャングルだ。幼いころ、外国の昆虫図鑑をめくりながらため息をついて眺めるだけだったあの世界に、自分が入るのだ。クアラルンプールへ到着した直後、私は興奮と疲労のあまりホテルの前でぶっ倒れてしまった。おぼろげな意識のなか、周りの同行者たちに左右から支えられ、まるで不時着した宇宙人の死体よろしくホテルの客室まで引きずられていった記憶がある。しかし、それは後に降りかかる様々な波乱の序章でしかなかったのだった。

東南アジアを征服せよ

森の洗礼——刺すアリの話

マレーシアに到着した翌日、私は丸山先生がいつも根城にしているジャングルへ向かうこと

図3-1 ホリイコシジミ *Zizula hylax*（マレー）. 小型種.日本では沖縄で，南方から台風で飛ばされてきた個体が見られる

になった。そこはマレーシアの国立大学、マラヤ大学の所有する演習林で、クアラルンプールの中心部から車で1時間ほどの場所である。そこへ到着した私は、生まれてはじめて見る熱帯雨林にしばらく言葉も出なかった。いまでこそ見向きもしないような駄蝶・シロモンルリマダラ *Euploea radamanthus* やホリイコシジミ *Zizula hylax*［図3-1］をはじめ、見るものすべてが珍しかった。しかし、私の目的は蝶集めではなく、好蟻性昆虫の調査だ。まず、現地に生息するいろんな種のアリを集めて、その種を覚えることからはじめた。熱帯のアリはとにかく種が多いが、そのわりに好蟻性昆虫に好まれる種は限られている。野外でぱっと見てすぐにアリの分類群を予想できるようにならねば、効率よく好蟻性昆虫を探し出すことはできない。持参してきたアルコール入りサンプル管は、たちまち無数のアリでいっぱいになった。そのなかには、まるで異星人

のようなハンミョウアリ *Myrmoteras* やクワガタのようなヘラアゴハリアリ *Mystrium* など、日本のアリとはまるでかけ離れた姿形の種も交ざっていた［図3-2a、2b］。

熱帯のアリの特徴として、やたら刺す種が多いことが挙げられる。ジャングルで何の気なしに腰を下ろすと、何だか下半身がむずむずしてくることがある。それはたいてい、ヨコヅナアリ *Pheidologeton diversus* の行列や巣の上に座ってしまったときだ。ヨコヅナアリはコロニー規模の大きなアリで、同種でありながら異様に小さい働きアリと異様に大きい働きアリが存在することで知られる。それらのうち小さいほうの奴がとても好戦的で、自分たちの仲間以外の生物が手近に来るとすぐ攻撃してくる。行列に踏み込むと、ズボンの裾から入ってきて顎で肌に咬みつき、毒針でチクチクと刺すのである。人間にとってはさほど痛くもない攻撃だが、とにかく個体数が多いので、集団でたかられるとうっとうしい。しかし、この種はまだかわいいほうだ。ヨコヅナアリにもいろいろな種がいて、そのなかでもとりわけ小型の種 *P. pygmaeus*［図3-2c］がとにかくひどい。小さい働きアリのサイズがほんの1ミリメートル強しかないくせに、激烈な毒針を持っている。こいつらはしばしば樹幹に登るため、何の気なしに木に手をついたときにうっかり行列に手を置いてしまうことがある。服のなかに数匹入られたら、誰もがその場でキングオブポップも真っ青のステップを披露するだろう。

大型のジュウタンハシリハリアリ *Leptogenys distinguenda*［図3-2d］は、もっと恐ろしい。夜

図3-2 マレーシアのアリ. a：ハンミョウアリ *Myrmoteras* sp.. 巨大な目と長いキバが特徴的. b：ヘラアゴハリアリ *Mystrium* sp.. 鮫肌状の質感で、頭がクワガタそっくり. c：小型のヨコヅナアリ *Pheidologeton pygmaeus*. きわめて陰険なアリ. d：ジュウタンハシリハリアリ *Leptogenys distinguenda*. 危険で近寄りがたい

行性のこのアリは1センチメートルほどもある大型肉食アリで、全身が凝固したばかりの血液のように赤黒く、ぬらぬらとつやめく。夜の森に入ると、どこからともなくザワザワと音がすることがある。ふと辺りを見渡すと、足下が血を流したような赤い絨毯に覆われていて、それが足下から這い登ってくるのだ。ジュウタンハシリハリアリは夜行性で、ものすごい数の働きアリたちが隊列を組んで夜のジャングルを行進する。そして、獲物が多そうな場所までやってくると、列が崩れて辺り一面にアメーバのごとく群れが散らばる。まさしく絨毯爆撃で、その場にいるあらゆる生物に襲いかかり、強力な毒針で刺し殺してまわる。以前、この恐ろしいアリの群れに大きなコオ

ロギを放り込んでみたことがある。コオロギが地面に着弾した瞬間、慌てふためいたコオロギが高速で逃げ出すのだが、それをアリたちがコオロギとほぼ同速で列を組んで追うのだ。まるで、巨大な赤いアメーバから素早く触手が伸びて、コオロギを搦め捕ろうとするようだった。すぐにコオロギは追いつかれて、1匹のアリに脚を摑まれる。これで動きが鈍くなったところで、次々に後続のアリが胴体に取り付き、毒針で刺しまくる。あっという間に屈強なコオロギは動かなくなり、アリの群れはたちまちそれを解体してしまう。南米のグンタイアリ*Eciton*もそうだが、彼らの毒には節足動物の内部組織を分解する成分でも入っているのだろうか。獲物の固い外皮も、アリたちがくわえて引っ張るうちに糸を引いてデローンと外れていく。細切れになった肉の断片を、せっせと巣に持ち帰るのである。人間ならさすがに食べられることはないが、それでも行列に立ちはだかれば攻撃される。毒針は強力で、ヨコヅナアリが湿っぽい痛みなら、こいつは熱い炎のような一撃だ。しかし不幸なことに、この凶暴なアリの行列からはかなり得難い好蟻性昆虫がいくつも得られるので、ケンカを売らざるを得ない。そんなわけでいつもげんなりさせられる凶暴アリではあるのだが、一方で彼らの存在なくして森の秩序は保てない。

マラヤ大学演習林は、ジャングルの一角を切り開いて芝生を作ってあり、そこに我々の泊まる宿舎が建つ。この切り開かれた場所には、悪名高い侵略的外来種アフリカマイマイ*Achatina* *fulica* が少なからず住み着いている。農作物を荒らす厄介者あるいは危険な病原寄生虫の運び屋として、日本の沖縄でも問題になっているカタツムリだが、東南アジアにも多い。ところがこのアフリカマイマイ、一歩でもジャングルに踏み込むとまったく見つからない。なぜなら、この森のなかにはアフリカマイマイの侵入を拒む天敵が高頻度で、しかも2種類も住んでいるからだ。ひとつは、大人の親指ほどの長さと太さもある巨大なホタル。もうひとつがジュウタンハシリハリアリだ。前者はカタツムリを完全に食い尽くしてしまうが、後者はおそらく好んで食べないものの、行列の行く手にカタツムリが現れれば集団で攻撃を仕掛ける。軟体部を毒針で寄ってたかって刺され続けると、アフリカマイマイはその場でぐったりして死ぬ。在来種のカタツムリならば、たぶん殻口に厚いフタを持ったり、天敵が多い地表を避けて生活するなど、長らく共存してきた大型ホタルやアリの攻撃を避ける術を持っているのだと思う。だが、よそもののアフリカマイマイにはそれがないので、あっさりやられてしまう。かくして、外来種の森への侵攻は防がれるのだ。このジャングル内のすべてのハビタットは、こうしたホタルやアリはもちろんのこと、すでに多くの在来の生き物たちが占拠している。外来種の入り込む余地など、最初からないのである。

　昨今、外来種の侵入が各地で問題になる世だが、もともとの生態系や生物多様性が保たれた状態の地域なら、たとえよそからへんな生き物が入り込もうとしても定着できずに終わるものだ。外来種に入られてから莫大な予算を投じて防除に四苦八苦するよりは、現地の生物多様性を温存し続けるほうが、よほど安上がりで確実な外来種対策ではないのか。アリに、無言でそう語りかけられた気がした。

幻のビクター——アリ地獄の話

マラヤ大学の宿舎は高床式で、下側は常に乾燥した砂地になっている。そのため建物の床下には、そういう環境を好む特殊な生物が集中して住み着いている。私は雨が降って外を出歩けない日には、いつも床下で体育座りして生き物と語らう。

一番多く目立つのは、アリ地獄ことウスバカゲロウの幼虫だ。高温多湿のジャングルでは、アリ地獄が巣を作れるような環境は非常に限られているため、乾いた建物の床下はまたとない営巣地である。巣を覗くと、小さな2本のキバを広げて獲物を待つ幼虫の姿がみえる。ところが、ときどきそんなアリ地獄のなかに、少し変わったものが見つかる。2本のキバの代わりに、とぐろを巻いたような長細いものがいるのだ。これは、アナアブ Vermileonidae sp. という肉食性のアブの幼虫が作った巣である［図3-3］。日本では発見されていない分類群で、砂地にアリ地獄そっくりなすり鉢状の巣を掘り、獲物を待ち伏せている。小さいアリなどが落ちてくると、瞬間的に体をムチのように打ち振って砂をぶつけ、手元に落ちた獲物に巻き付いて搦め捕

図3-3 アナアブ *Vermileonidae* sp.の幼虫（マレー）. 自然下で成虫を見るのは困難

り、たちまち砂のなかに引きずり込んでしまう。

弱小な虫たちにとっては恐怖のトラップたるアリ地獄だが、その一方で逆にそのアリ地獄を食いものにする手練れもいる。しばしば、この宿舎の床下では地面すれすれをゆっくり飛ぶ虫が見られる。ウスバカゲロウの幼虫に寄生するツリアブの一種 Bombyliidae sp. だ。こいつは、すり鉢状の凹みを地面に見つけると、その上空3、4センチメートルあたりで数秒ホバリングをし、その刹那ほんの一瞬だけ高度を下げる動きをして飛び去る。この高度を下げた瞬間に卵を落とすのだ。運よくウスバカゲロウの幼虫に産み付けられた卵は、やがて内側から寄主を食い尽くしていくのだと思う。

ある日、そんなツリアブを観察しようと、私は床下でしゃがんでいた。少し遠くのアリ地獄の群れに目を向けていたそのとき、視界の端っこのほうで、何かもぞもぞ動くものが見えた気がした。そこに視線を移した瞬間、それは素早く飛び去り、それが何者だったのかはっきりと目視できなかった。確実なのは、それがアリ地獄のなかから這い出して飛び立ったこと、飛び立ったものは砂で覆われた丸っこいものだったことだ。それはすなわち、ウスバカゲロウの幼虫としか思えなかったのだが、しかしウスバカゲロウの幼虫が空を飛ぶわけがない。何か別の生き物が、アリ地獄のなかからウスバカゲロウの幼虫を引きずり出して持ち去ったのである。しかし、そんなことをする生き物がこの世に存在するのか？　アリ地獄をさらう生き物なんて、聞いたためしがない。でも、私がいま見たものが幻でなければ、確実にいる。私はツリアブなんかさておき、いまのアイツの正体を確かめてやろうと思った。

身動(みじろ)ぎひとつせず、そのまま30分近く待ち続けただろうか。周囲にはわずかにツリアブがふらふら飛び回っているだけだ。さっきのは単にツリアブを見間違えただけだろうか。そう思いはじめたとき、床下にそれまで見たことのない雰囲気の羽虫が1匹やってきた。大きさは1センチメートルにも満たない小型の虫だった。低空で飛び回るそれを、私は最初ただのハエくらいに思っていたが、そうではなかった。それは、あきらかに地面にある何かを調べるように飛び回っているのだ。ツーッと飛ぶとぴたっとホバリングし、またツーッと飛んでぴたっと止まりを繰り返している。そいつを脅かさないよう、3メートルほど距離を取って観察しているうち、妙なことに気づいた。それがぴたっとホバリングする場所には、かならず真下にアリ地獄

図3-4 ウスバカゲロウの幼虫と戦うギングチバチの一種（マレー）．いまとなっては，これが「ビクター」の存在を証明する唯一の証拠

があるのだ。間違いなく、アリ地獄を上空から監視している。もしかしたら、こいつはさっきのアイツと関係があるのか？　そう思うや否や、羽虫が目を疑うような行動に出た。

アリ地獄の直上でホバリングしていた羽虫が、突然墜落した。いや、みずからアリ地獄のなかへダイブしたのだ！　「何じゃこりゃ?!」あわてて駆けつけてそのアリ地獄を覗き込むと、穴の底でハチがウスバカゲロウの幼虫と砂まみれで格闘しているではないか［図3-4］。この時点で、私はようやくこの羽虫の正体がわかった。狩人蜂の一種、ギングチバチだった。前の章でも触れたが、ギングチバチの仲間は双翅目を中心に、蛾の成虫、アリ、カゲロウ、キリギリスなど、かなり広域にわたる分類群の虫を狩る。だから、私はたいがいの虫がこのハチに狩られているのを見ても驚かないつもりでいた。しかし、まさかアリ地獄まで狩る奴がいるとは！

穴の底では、ハチとウスバカゲロウが延々と死闘を繰り広げていた。やがてウスバカゲロウを倒したハチが悠々と出てくるものだと期待して見ていたが、様子がおかしい。2分経っても3分経っても、ハチが勝ちどきを上げる気配がない。それどころか、あきらかにウスバカゲロウのキバがハチの胴体にがっちり刺さっており、ハチが痙攣しはじめた。見るに見かねてピンセットでハチをつまみ出したが、もう手遅れだった。私は、呆然としたまま次の行動に移れず、その間にハチの死体を通りすがりのアリに持ち去られてしまった。もし証拠標本だけでも残っていれば、1本くらいは論文が書けただろうに。何しろ、アリ地獄を地中から引きずり出してさらうハチなんて、間違いなく前代未聞だ。一般にアリ地獄という言葉は、「けっして抜け出せない厄災」のたとえで使われることが多いが、あのハチはそんなアリ地獄から這い出すのだ。しかもアリ地獄の主を打ちのめして。私が見た奴は逆に打ちのめされてしまったわけだが、しかしそんなリスクを冒してまでアリ地獄を獲物として狩るよう特殊化したのはなぜなのか？　わからない。あのハチは新種だったのだろうか？　わからない。新種ならば、私は *victa*（克服できる）の種小名を推奨する。

あのハチが討ち死にしたショックからようやく立ち直った私は、ふたたび床下で同じハチが来るのをひたすら待った。しかし、もう2匹目は来なかった。それどころか、この演習林にはその後現在に至るまで毎年のように訪れ、そのたびに私は床下で待ち続けているのだが、あれ以後一度も「ビクター」はやってこないのである。

賢者の予言――糞転がしの話

熱帯のジャングルには姿こそ見せないが、我々が思っている以上に多くの鳥や動物が潜んでいる。当然、それらは日常的に至るところで排泄をするため、たった1日で森に投入されるその排泄物の量たるや筆舌に尽くしがたいだろう。しかし、ジャングルがウンコまみれになることは、けっしてない。熱帯のジャングルには、想像を絶する種数と個体数の糞転がしが生息しており、動物たちがウンコを排泄するそばから綺麗さっぱり片づけているのである。彼らは普段は森の落ち葉の下などに隠れて動かないが、ウンコの匂いを嗅ぎ付けるとすぐさま地表に躍り出て、標的目がけて飛び立つ。何しろ、ウンコはいつどこで動物に排泄されるかわからないし、森全体で出される総量は多くても、1頭の動物が1度に出す量はそんなに多くない。もたついていたら、すぐにほかのライバルに奪い尽くされてしまうので、彼らにとってウンコの調達は死活問題だ。

私はアイドルなので排泄などという汚らわしい行為はいっさいしない（と、周囲には断言している）のだが、ジャングルを歩いているとどういうわけか、都合よく人糞に遭遇することが

図3-5 スカラベ *Paragymnopleurus* sp.（マレー）.『ファーブル昆虫記』に出てくる本当の「スカラベ」とは別の分類群なので，本来この呼び方はふさわしくない

多い。異常に多い。そんなとき、私は少し離れた場所でしゃがみ込み、糞転がしがやってくるのを観察する。マレーシアのジャングルには、いわゆる「スカラベ」が生息しており、それが糞を転がす様子を見るのが楽しいのである［図3-5］。羽音を響かせて飛んできたスカラベは、すぐさま黄金の山に着陸する。そして、前脚を使って自分の胴体の下側に黄金をかき集める。そのため、自分の体の下にかき集めた黄金が溜まる形になるのだが、それを今度は前脚で丹念に押し固め、だんだん丸い形に整えていく。人間が雪だるまを作るときには、核になる小さい雪玉を雪上で転がして大きな丸い雪玉に成長させる。しかし、スカラベは最初から玉を丸い形に整えて、それから転がすのである。彼らにもこだわりがあるらしく、もう転がすのに不都合のない形になっているにもかかわらず、延々と前脚で形を整え続けている個体も見られる。しかし、ライバ

ルが複数来ている場合、せっかく作った玉を横取りされる可能性があるので、あまり形の整っていない状態でさっさと転がしていってしまうことが多い。数メートル転がしたのち、スカラベは適当なところに穴を掘り、玉と一緒にそのなかへ沈んでいってしまう。地中で数日かけて、ゆっくり戦利品を味わうのだろう。糞転がしは不浄のものを清めるという形で、我々の衛生的な生活におおいに貢献してくれている存在だ。しかし、彼らはもう一つ、思わぬ形で我々に恩恵をもたらしてくれる。なんと、天気予報をしてくれるのである。

先述のように、糞が近くにないときの糞転がしは、通常なら地中に潜って過ごしている。ところが、その糞転がしがどういうわけか、ジャングルの下草や低木の葉上など高いところに止まっているのを見る場合がある。すると、その数時間後に「かならず」土砂降りの大雨が降るのだ。いままで私が覚えている限り、糞転がしに裏切られたことはない（ただし、南米ではこの限りではない。グンタイアリの存在など、気象以外に地面の虫を草木に登らせる要因があるから）。

幼いころ、昆虫の生態に関する本を読んだ際に、「日本のある場所で、通常は地中に隠れているはずの糞虫エンマコガネが、木の葉上に群がっているのを見つけた。その後、その場所を含めた日本の広域で記録的な大雨に見舞われた」という趣旨の記述があったのをずっと覚えていた（安富、１９９５）。熱帯のジャングルで、糞転がしが木の上にいるという異様な光景をはじめて目にしたとき、私はすぐこの話を思い出した。雲一つない快晴の空の下、私が眉間を押さえつつ酸いも甘いも嚙み分けた面持ちで、

「嵐が……近づいている……」

とつぶやいたときの、調査同行者たちの「こいつはバカか？」という鼻で嗤った顔。そしてその2、3時間後、本当にバケツをひっくり返したような激しいスコールに見舞われたときの、皆の狐につままれたような顔は忘れ得ない。地中性の昆虫は、どうやら気圧の変化などを鋭敏に察知し、大雨で水没する前に高台に避難する性質があるようだ。糞転がしの天気予報は、間違いなく事実としてあるのだが、その詳しいメカニズムは誰も調べていない。葉上にいた糞転がしの種、見つけた高さ、気温や湿度、見つけてから雨が降り出すまでの時間、降ったときの降水量などを逐一記録していき、数十年単位でそれを続けて得たデータから何らかの相関を得られれば、絶対イグノーベル賞間違いなしだと思うのだが、毎回忙しさにかまけてできずにいる。

スコールがくれば、人糞はすべて溶けて流れていってしまう。雨上がりのジャングルで、もはや形がなくなった鬱金のしたたりの上にいるスカラベを見たことがある。液状化した鬱金を、それでも一所懸命に前脚でかき集めて玉にしようとしているのを見て以来、私は無駄な努力をするさまをたとえて「雨天のスカラベ」と呼ぶことにしている。

町のなかでも宝探し——ツノゼミの話

マレーシア滞在中はマラヤ大学の演習林だけでなく、クアラルンプール市街にあるマラヤ大学そのものにも出向いた。構内はとても広く、あちこちに小規模な森が残っていた。この街は、もともとジャングルだった場所を虫食い状に開発しているようで、ビル街と森が隣り合う不思議な光景が見られる。その取り残された森には、いろんな生き物も取り残されている。私は現地の大学関係者たちに挨拶に行くついでに、近隣の草むらや植え込みで虫探しをした。こういう環境で面白い虫は、ツノゼミの仲間だ。珍妙な姿形をしていることで有名なこの虫は、熱帯地域では至る場所で見られる。東南アジアにはさほど変わった姿をしていない種が多いが、種数そのものはかなり多い。人為的に荒らされた環境でも何らかの種は手堅く採れるので、どこに行っても手ぶらで帰らずにすむ標的だ。また、そういうところでしか採れない種もおり、自然豊かな環境だけを巡っていてはけっしてコンプリートできない。じつに奥が深い。

町から遠い演習林のほうでは比較的大型で立派なツノゼミが多く、たいていは道路脇の明るい場所で見つかったが、いくつかの種は暗い森のなかだけで見つかった。足下に茂るアサガオのようなツル植物には、青く輝くサファイアツノゼミ *Centrotypus flexnosus* がいたし、森の縁で少し目線を上に向ければ、黒塗りで鋭いツノを持つイカリツノゼミ *Leptobelus dama* が見られた。

図3-6 イカリツノゼミの一種 *Leptobelus* sp.（マレー）

このイカリツノゼミというのはいくつか似た種がおり、そのなかでもとくにかっこいい全身真っ黒の種が存在する［図3－6］。ジャングル脇の小道を歩いていたときに、この種類のツノゼミが瀕死の状態で歩道に落ちているのを見つけた。この当時はさほど珍しいものだとは思わず、適当に写真だけ撮影してそのまま見捨ててしまったのだが、じつはこいつはかなりの珍種だったらしい。あれから6年、毎年のようにこのジャングルに調査で訪れているのだが、2匹目にまったく遭遇できない。

いっぽう、比較的荒らされた環境である街中の大学構内では、ツノのないマルツノゼミ *Gargara* spp. や、とても短い突起を両肩から生やしたコツノゼミ *Tricentrus* spp. など、小型の仲間ばかり見つかった。形としては面白みのない仲間であるが、種類によって体色のバリエーションが豊富だった。茶色の地に白いすじがたくさん走り、まるで洋菓子のような雰囲気の種類。目が真っ赤なほかは全身真っ黒で、ウルシを塗ったようなツヤがある種類。自然をつかさどる神は、よくこれだけ色のバリエーションを考えついたものだ。これらツノゼミは、たいていアリに守られた状態で見つかる。ツノゼミが排泄する甘露を舐めるため、アリがたかるのだ。よって、ツノゼミを採るときにはアリを追い払わねばならないのだが、ツノゼミにはしばしばツムギアリ *Oecophylla smaragdina* という大型アリが付く。樹上に葉っぱを寄せ集めて幼虫の吐く糸でつなぎ止め、これを巣とする有名なアリだ。これがとにかく攻撃的で、ちょっとでもツノゼミに触ろうとすればたちまち数匹のアリが手から乗り移り、服のなかに入って咬みつきまくる。しかし、このツムギアリのいる場所には、ツノゼミをはじめとして様々な変わった好蟻性生物が住み着くため、私はこれらを採集すべく、方々で何度もこのアリと激しい戦闘を繰り広げるはめになるのだ。

もちろん、私はツノゼミばかり採っていたわけではない。自身の研究材料であるアリヅカコオロギもしっかり採集した。これもツノゼミ同様、ジャングルのアリの巣でしか採れない種と、市街地のアリの巣でしか採れない種がいることがわかってきた。先にも述べたが、この虫は1つのアリ巣内からかなりの個体数を得ることができる。私は人生初の海外遠征で、ほんの1週間の滞在中に100匹近くのサンプルを集めることができた。何だ、海外調査なんてチョロいじゃないか。私はすっかり有頂天になった。しかし、その有頂天のなかで、私はかの有名な萬田銀次郎の名言を忘れたばかりに、次回の遠征時に人生最大の危機を迎えるのだ。

「このことだけは肝に命じときなはれ、魔物は天界に住んでまんねやで。天界……すなわちにもかかも上手くいって有頂天の時に魔物は襲って来まんねや、魔物は有頂天に住んでまっからな。これを魔がさす……と言いまんねやで！」（『ミナミの帝王』天王寺大、週刊漫画ゴラク、日本文芸社刊）

コラム●ツムギアリに勝つために

東南アジアで、ツムギアリの凶暴さを知らぬ者はいない。「たかがアリだろう？」などと思うなかれ。ツムギアリは大きさが1センチメートル程度と、アリとしては大型だ。キバは鋭く、人肉を食いちぎるほどの力はないものの、肌の薄皮を切り裂くくらいは造作もない。さらに、キバでこちらの肌に付けた咬み傷に、強い蟻酸を大量になすりこむ。まともに咬まれれば、1匹の攻撃がミツバチに刺された痛みとほぼ同じだ。巣を刺激すると、そんなアリが上からバラバラ降ってくるし、地面に落ちたアリは足下から這い上ってくる。アリとしては例外的に視力がよく、怒らせればわざわざこちらに攻撃しに近づいてくる。上から下から、何百匹というアリに全身を咬まれるのだからたまらない。戦時中の東南アジアで、庭の果樹に登り果物を盗もうとした日本兵に、現地人がツムギアリをけしかけて撃退したという話もある（久保田、2008）。こんな肉裂き肌を焼く陸戦の暴君どもの要塞を攻め落とし、その内に潜む「虎の子」たる好蟻性生物を奪うには、どうすればいいのだろうか。

じつは、東南アジアではしばしばツムギアリの幼虫が食用目的で採集されている。現地人が使う標準的な方法は、樹上の巣を竹竿で突き、落ちてくる幼虫をかごで受け止めるというものらしい（野中、2007）。しかし、こんな乱暴な方法では巣内の居候を効率よく回収できない。ただ居候を採るだけが目的なら、スズメバチの巣を駆除する要領でアリの巣をビニール袋に包み、枝ごと切り落としてなかに殺虫剤を噴霧するか冷凍庫にぶち込む。それから巣を切り開いてゆっくり内部を調べるのが手堅いやり方だろう。だが、私はただ採るのではなく、内部で居候たちが生きて動いているさまを観察したいのだ。死なれては何の意味もないので、虫を死なせる方法は使えない。かといって、アリどもにこちらを攻撃しないように強いる方法は、どう考えても存在しない。

図3-7 アリノスシジミ *Liphyra brassolis* の幼虫(マレー). 樹上性の凶暴なツムギアリ *Oecophylla smaragdina* 巣内で育つ. 装甲車のような外皮で防御しつつ, アリ幼虫を食い殺す肉食蝶

そこで参考になったのが、過去にツムギアリの巣に住む珍虫・アリノスシジミ *Liphyra brassolis* [図3-7] を採るべく奮闘した人の手記 (松香、1988) だった。

すなわち「怒り狂ったアリは、人間の手足に取り付くとキバを突き立て、人間の頭に向かって登ってくる。その途中、何かひらひらしたものに当たるとそれに咬みつき、そこでもう動かなくなる」。この金言を授かりしゆえ、私のなすべきはアリの撃破ではなく、アリの攻撃を甘んじて受け入れることだと気づかされたのである。もちろん、屈強な日本兵も木から転げ落ちるほどの、あのアリの攻撃をまともに受けたら発狂するに決まっている。だから、奴らの攻撃を上手に受け流すのだ。この習性を逆手にとらない手はない。

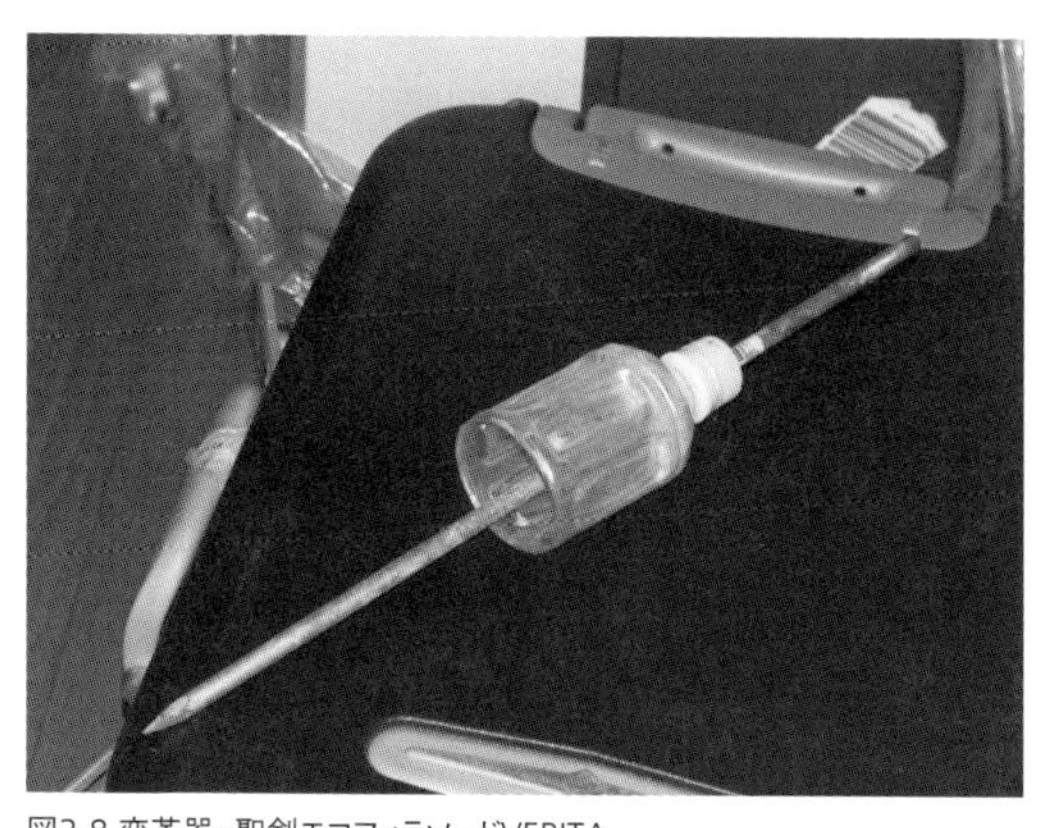
図3-8 変革器・聖剣エコフィラソードVERITA

あらかじめ近所の100円ショップで、女子が頭につけるフリルのシュシュ（ゴムの入った輪っかの髪飾り）をしこたま買っておく。これを現地に持参し、アリと戦う前に長袖長ズボンの腕や足首に幾重にもはめる。こうして、わざとアリに咬ませる部分を作っておくのだ。手には軍手を装着し、首にはタオルを巻き、アリが服のなかに入ってこないようにする。この荘厳なる戦装束をまといつつ、高枝バサミで樹上のアリの巣を枝ごと切り、そっと地面に下ろす。それから巣を切り開くのだが、このころにはすでに巣内からおぞましい数のアリが湧き出ており、巣の表面をびっしり覆っている。いくら重装備とはいえ、うかつに手を触れると危険だ。そこで、私が長年の試行錯誤の末に開発した、対ツムギアリ専用兵器「変革器・聖剣エコフィラソードVERITA（Liberator VERITA-Saint Sword Oecophylla）」の出番である［図3－8］。

この武器は、ホームセンターで売っている長さ40センチメートルほどの細い鉄棒を改造したものである。鉄棒のなかほどに、ペットボトルを真ん中で2つに切ったものの上半分を、刀の鍔のように取り付ける。ペットボトルの内側には、ヌルヌルした液体をたっぷり塗りつけておく。油、シャンプー、なんでもいい。この聖なる剣を、落としたアリの巣に差し込み、容赦なく切り開く。怒ったアリどもは鉄棒を伝って登ってくるが、途中に取り付けたペットボトルの鍔が「ネズミ返し」となり、こちらの手までは登って来られない。アリの攻撃を受け入れて受け流す戦装束、そしてアリの攻撃をはねのけ一方的に攻撃をくわえる「変革器・聖剣エコフィラソードVERITA」の威力。これにより、私はマレーシア、タイ、カンボジアにおいてツムギアリに大勝利し、巣のなかから非常に得難い好蟻性生物をいくつも手に入れたのだった（それらのほぼすべては、座して待つだけの丸山先生が持っていったが）。なお、ツムギアリと関わる生物はかならずしも巣内だけにいるとは限らない。巣を切り開くとき、なかからこぼれたアリの幼虫や蛹を狙って寄生性のハチやハエが飛来するので、これらもちゃんと捕獲するのを忘れない。

あまり虫を金銭の天秤にかける話はしたくないが、アリノスシジミの成虫標本は、産地や標本の状態によっては虫マニアの間ではかなりの高値で取り引きされる。少し前、ネットオークションで目の玉が飛び出るような値段で出品されているのを見た。なにしろ、あのツムギアリと戦って巣内から蛹を採り、それを羽化させないことには綺麗な標本が得られないのだから。そんななかでこのような話を書けば、「俺も東南アジアでツムギアリの巣を！」と思う虫マニアが出てくるかもしれない。だが、私は勧めない。東南アジアにおいて、ツムギアリは街中だろうと山奥だろうと、至るところにいて巣を作っている。だが、珍しい好蟻性昆虫が入るツムギアリの巣は、ある門外不出の「特別な立地」に架かっているものに限られる。巣のサイズが大きいほど、内部に居候がいる確率が高いということはない。それを知らずやみくもに巣を開けても、労多くして実りのない結果に終わる。それに、いくら百戦錬磨の戦装束とはいえ、かならず何匹かは突破して服のなかに入る。高温多湿の熱帯で、通気性のない服装でアリと戦い続けるのはきわめて精神と体力を消耗し、場合によっては熱中症の危険もともなう。遊びついでにやろうなどと考えてはならない。正気の沙汰でない仕事は、正気の沙汰でない人間の領分だ。

コラム●熱帯で虫を採る

近年、遺伝子資源保護などの観点から、東南アジア地域の各国では生き物を勝手に国外へ持ち出せない法律が制定されつつある。そんななか、我々がマレーシアで虫を採ることができるのは、ひとえにカウンターパート（現地での受け入れ研究者）である共同研究者ロスリーさん（Rosli Hashim／マラヤ大学理学部）のご尽力の賜物である。なぜか知らないが、私はこのロスリーさんにとても気に入られている。おそらく以前、彼に献名された好蟻性の糞転がし *Larhodius hashimi*［図3-9］の寄主アリ種を、私が突き止めたことが理由の一つではないかと思っている。ちなみに、「なぜ糞転がしがアリの巣に？」と思う者もいるかも知れないが、もともと腐った有機物を餌にしていた糞転がしの仲間には、アリの巣にたまったゴミを食うよう特化したものが何種も知られているのだ。

その種は、近縁属の生態にくわえ、その作られたような球形の体（アリに齧りつかれない）、板状に扁平で太短い脚（アリに咬み切られない）などの奇妙な形態から、何らかのアリと関係した生態を持つことが予想されていた。しかし、採れるのは偶然

図3-9 *Larhodius hashimi*（マレー）．日本のマメダルマコガネ *Panelus parvulus* の親戚筋で，我々はアリノアンパンと呼ぶ．アリを従えて，素早く歩く

林内を飛んでいる（アリの巣から巣へと移動中）個体ばかりで、誰一人この糞転がしをアリの巣から採った者はなかった。それを、私は偶然という名の必然で、ある種のアリの行列中に見つけてしまった。ある雨上がりの夜、立ち小便をすべく森に入ったとき、たまたま地面に通っていた引っ越し中のアリの行列に、何匹もそれがいるのを見た。多くのアリを従え、まるで御輿（みこし）のようにアリに担がれて行列を行くさまは、いまだに忘れられない。後に、その種のアリの巣の中心部からもこの甲虫を見つけ出した。たとえ些細な虫のことでも、それまで誰も見ることができなかったものを世界で最初に見るというのは、何物にも代え難い快感だ。

ロスリーさんは、現地での大学の授業や学

会発表の際に、私が演習林で撮影して提供したいろんな生き物の写真を使用してくださっている。かつてロスリーさんの研究室を訪問した際、部屋の壁にあのアリに担がれる糞転がしの写真がプリントアウトされて貼ってあったのを見て、心がほっこりした。

命に関わる話

疼くこの躰

翌年、ふたたび私はマレーシアへ遠征に行った。例によって、調査の成果は上々だった。2週間ジャングルで過ごし、いよいよ帰国を控えた最終日。クアラルンプールの空港へ向かう前に、マラヤ大学構内へ連れて行ってもらった。ここでないと得難い種のアリヅカコオロギを採りたかったからである。一番いいポイントは、構内外れにある学生寮の脇だ。

夢中になって建物脇の空き地で石を裏返していると、視界の脇に見慣れない赤アリの行列があった。南米原産の外来種、アカカミアリ *Solenopsis geminata*［図3-10］だった。繁殖力が強い

図3-10 アカカミアリ *Solenopsis geminata*（タイ）. 生ゴミに集まる

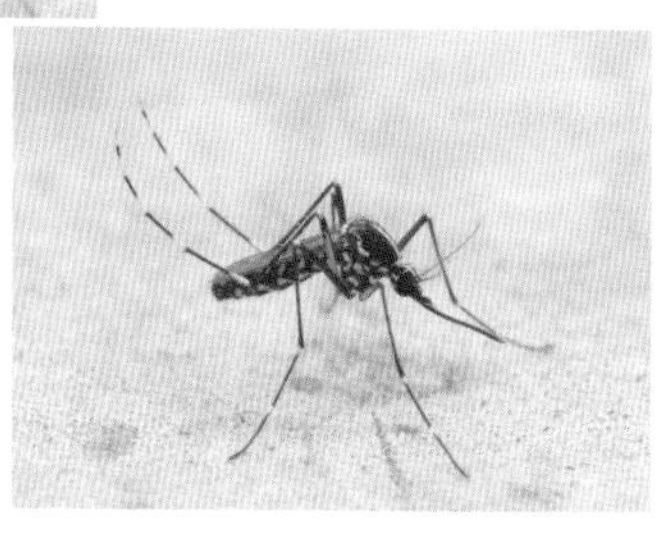
図3-11 シマカ属 *Aedes* sp.（マレー）. ヒトスジシマカ *A.albopictus* と呼ばれることが多いが, 似た種が多く素人では同定不可. それ以前に, 蚊にはしばしば伝染病媒介能の異なる多数の同胞種がおり（Bass *et al.*, 2007など）, 各種の正確な分布情報は地域の公衆衛生管理上とても重要なので, 素人は絶対に蚊の同定をしてはならない

うえに強力な毒針を持つファイヤーアントの仲間で、各地に人為移入しては土着の生態系に負の影響を与えている害虫でもある。東南アジアではもはや別段珍しくも何ともないのだが、当時の私にはとても魅力的で美しい生物に見えた。そこで、調査の手を休めてアカカミアリの写真を撮ることにしたのだが、小さくて素早いアリをカメラで大写しに撮影するのは、存外難しい。熱中のあまりだんだん暑くなってきたので、腕をまくった。すると、むき出しとなった腕に点々とヤブ蚊が並びはじめたのだった。

クアラルンプールのように、近年急に都市化した熱帯の町では、ちょっと草むらに入ると途端にすさまじい蚊の大群に襲われる。とくに「ヤブ蚊」と称されるシマカ属 *Aedes*［図3-11］は、捨てられた空き缶やビニール袋の凹みに溜まったわずかな雨水から発生するため、平気で路上にゴミを捨てる者の多い市街地ではきわめて多い（Christophers, 1960; Southwood *et al.*, 1972; Morrison *et al.*, 2004）。原生林のほうが、むしろ蚊は少ないほどだ。しかし、当時の私は虫除けを使うなど軟弱の極みだと言って、とくに何もせず刺されるがままにしていた。初回のマレー遠征時にもかなり刺されたが、健康には別段障らなかったので、今回も同じだと思って無数の蚊に血液を大盤振る舞いしてしまった。なお、ここへ来る数日前までは、山ごもりの生活ゆえに毎日具のない乾麺ばかりという粗食だったばかりか、早朝から深夜まで虫を追って駆け回り、疲労状態が慢性化していた。

帰国翌日、大学で戦利品たる採集品の整理をしながら、私は何だか心地よい倦怠感を覚えていた。遠い異国で仕事をして戻った後というのはたいていそうなるものである。地に足がつかないような、ふわっとしたとてもいい感覚だった。それが悪夢の前触れだったとは、このときは知る由もなかった。

その夜、ちょうど日付をまたぐ時間帯だっただろうか。私は布団のなかで急激な寝苦しさと全身の関節痛に襲われ、身をよじっていた。熱があるらしい。満足に眠れぬまま翌朝を迎えると、布団が絞れるほど汗でびっしょりと濡れていた。6月だというのに寒さのあまりガタガタ震え、「ビエェックッシッ!!」という、脊髄に響く重いクシャミを頻発するようになった。体温を測ったら、38度以上もある。これはおかしいぞ。私は基本的に、風邪で高熱を出さない。

しかも冬でもないのに風邪を引いたことなんて、これまでほとんど覚えがない。これは絶対に風邪ではない。思い当たる節はただ1つ、先日の蚊だ。

まさかと思いつつも、部屋のパソコンまで這ってインターネットで調べると、私の症状は予想通り「デング熱 dengue fever」というのに酷似している。デング熱はシマカ属の蚊により媒介される、熱帯では普遍的なウイルス性の伝染病だ（Chua, 2004 など）。特効薬もワクチンもない病気で、日本国内には常在こそしないが、しばしば海外旅行から帰った日本人が「持ち帰って」発症する（Kurane, 2000）。海外旅行者が帰国後デング熱を発症する事例は、近年各国で増加傾向にある（Rigau-Perez, 1997）。まさに、私がそれだ。そんな訳のわからない病気、家でじっとしていても治る見込みはない。信州大学の付属病院へ駆け込もうとしたが、なんとこの日に限って休みだった。いても立ってもいられず、なかば錯乱しながら県内の別の大きな病院へ駆け込んだが、いま考えるとこの判断はきわめてまずいものだった。

大きな病院とはいえ、日本の、しかも田舎のことだ。医者が輸入感染症に関する知識を持っていなかった。私は自分が海外で蚊に刺されまくったこと、デング熱というものに酷似した症状を呈していることを必死に伝えたが、医者は「ウイルス性の何かだとは思うが……」と歯切れ悪く言いながら、普通の風邪用の解熱剤を処方して私を帰した。最近、日本の病院では「モンスターペイシェント」といって、知識もないのに医者の診断に文句をつけたり、治療法に難癖を付けたりする患者が多いため、医者に食ってかかる態度はとても嫌がられるらしい。「患者からこう言われたらこう返せ」のようなマニュアルでもあるのか、いくら私が自分は輸入感染症だと訴えても、医者が判で押したような反応をするだけで聞き入れてくれないのだ。このケースに限っては、あきらかに私のほうが正しいのに。この一連の対応が、はたして私の生命をさらに危うい状況へと追い込む。

ルルイエからの脱出

それから1週間、家で病院から出された解熱剤を飲み続けるもいっこうに症状が改善しないため、入院が決まった。入院後に精密検査がなされたのだが、その結果、私の体内で想定外の事態が進行していることが発覚した。血中の血小板値が、日に日に猛烈な勢いで下がっていたのだ。通常、血液1マイクロリットル当たり30万程度あるはずの血小板値が、日ごとに5万のペースで落ちているようだった。血小板は、ご存じの通り血液を固まらせる性質を持つ。それがなくなったらどうなるか。血が止まらなくなるのだ。

担当医曰く、血小板値が血液1マイクロリットル当たり2万を切ると、血液は完全に凝固能力を失う。その結果、寝返りを打つだけで全身が内出血し、針で突(つつ)いた程度の傷から大出血する。しまいには、全身の古傷、粘膜から血を噴いて死ぬ。私は知らない間に、デング熱の劇症型であるデング出血熱 dengue haemorrhagic fever に移行していたのだった。しかも、「デング（デング熱とデング出血熱）」は特効薬がないため、熱が上がれば解熱剤で下げる対症療法のみなのだが、この1週間処方されていた解熱剤は、なんと出血傾向を促進するため「デング」治療では禁忌とされるアスピリンだった（Gibbons & Vaughn, 2002 など：その後、アセトアミノフェンという無難な薬に変更された）。ちなみに、世界では年間5000万〜1億人近くがデング熱を発症し、うち50万人ほどがデング出血熱に移行し、さらにうち2万4000人ほどが死亡している（WHO, 1997; Monath, 1994; Gubler, 1997）。

とはいえ、あきらかに「デング」の症状を示す私が、医者にそれを納得させるのは本当に大変だった。デング熱は、その激しい関節痛から別名「骨折熱」というが、医者とのやりとりで一番骨が折れた。医者は、素人の言うことだと思って、私の話をなかなか聞き入れてくれなかった。入院後、本当に危篤状態に陥ったころにようやく医者がインターネットで「デング」を調べ、どうやら私の言っていることが正しいらしいと認めたようだった。

その後、私は「デングという体」でようやく本格的な治療を受けることになった。なぜ「デング」でなく「デングという体」と言うかには、また漫才のようないきさつがある。とにかく田舎の病院なので、対輸入感染症の設備が何もなかった。医者から「間違いなく君の言う通りデングだろうけど、うちでは正確な診断ができない。当面はデングのつもりで治療するが、診断を下すために君の血液を船便で外国の研究所に送る」と言われて、開いた口が塞がらなかった。後日調べると、国内でもデングか否かを診断できる機関はいくつもあるらしい。なぜそういう近場へ持っていかないで外国に、しかも船で持って行かねばならなかったのか、いまでもわからない。

入院の日々は名実ともに生き地獄だった。人は死の間際に花畑を見るというが、嘘だ。40度近い高熱のなか、へんに意識だけはっきりした状態で、白く高い天井を延々と見つめるだけの苦しい時間が、無限に続いた。走馬灯が見えるというのは本当だった。幼少期の嫌な奴の面、ゴミのような思い出だけが延々と脳内に上映され、それがますます私を疲弊させた。血小板値の減少という「死のカウントダウン」は容赦なく進行し、入院5日目にはついにボーダーラインの2万数千まで落ち込んだ。これ以上はもう危険だということで、私は人生初の血小板輸血を受けるに至った。2日間、数回に分けて心優しいどなたかの血小板が私の体内に投入された。そのあたりを境に、ようやく熱が下がりはじめた。「デング」のさいわいな点は、後遺症を残さないことだ（国立感染症研究所、２００４）。輸血から1週間後、私は嘘のように回復し、退院する運びとなった。回復後しばらくは肝臓が弱くなるそうで、酒は止められたが……。

この地獄の一件以後も、私は性懲りもなく海外遠征に赴き続けている。それが仕事だからだ。もちろん、野外では過剰なまでに虫刺され対策を講じるようになったのは言うまでもない。そして今度こういうことがあったら、都会のちゃんとした病院にかかろうと心に誓った。ちなみに退院して4週間後、すっかり忘れたころに病院から船便の診断結果を知らされた。すでに私にはわかっていたが、デング（出血）熱だった。あとで知ったが、「デング」は不顕性感染といって、感染してもしばしば症状が出ずにすむことがある（Innis, 1995）。そして、2度目の感染で重症化しやすいとの説がある（Ranjit & Kissoon, 2010; Rodenhuis-Zybert *et al.*, 2010）。私はいきなりデング出血熱になったつもりでいたが、じつは前回の遠征時、すでに蚊に刺されて不顕性感染していたのではないだろうか。つまり、この発症が2度目の感染だったのかもしれないのだ。背筋の凍る思いがした。

今回、私が熱病で死にかけた最大の原因は、ほかならぬ過信によるものだ。自分の健康状態の把握、身に降りかかる危険要因への対処が適切になされていれば、そもそもこんな病気にかからなかったのは言うまでもない。「海外は日本とは衛生状況がまったく違う」という、当たり前の常識の欠如が招いた「自業自得」の神罰であり、大いに猛省いたすところである。あえて恥を忍んでこの話を書いたのも、後世の生態学者たちに先人の愚かさを知らしめ、同じ道を歩ませたくない思いがあってのことである。

しかしその一方で、医療機関からの対応も大いに疑問の余地を残すものだったことは確かだ。限られた設備のなか、未知の病に対して精一杯の対応を行ってくれ、その結果命を救ってもらったことには感謝している。それでも、いまでこそ半ば笑い話だが、これがもし「デング」でなく劇症型マラリアだったら、この一連の対応では確実に死んでいた。いくら地方といえども、日本の医療機関はもう少し輸入感染症に対する対策を拡充させてもいいんじゃなかろうか。この国際化社会の波にくわえ、ただでさえ地球温暖化やらで熱帯の熱病がいつ日本に侵入するかわからないという話が、すでに方々で出ていて久しいのだから。一分一秒が人命を左右する現場で、技術的に国内で可能なはずのことをわざわざ時間のかかる方法で外国に頼み、診断結果が忘れたころというのはあまりにもお粗末にすぎる。命を救ってもらった立場でおこがましいが、率直に書かせてもらった。

コラム●待つ者のため、我帰る

ジャングルには、我々に対してキバをむく危険・不快生物が数多いる。生態学者は、「自分の身の安全を守るため」と言ってこういう生き物と戦い、ぶち殺しながら森を進む。考えればじつに「人間」らしい、身勝手で傲慢な理屈である。わざわざ危険な

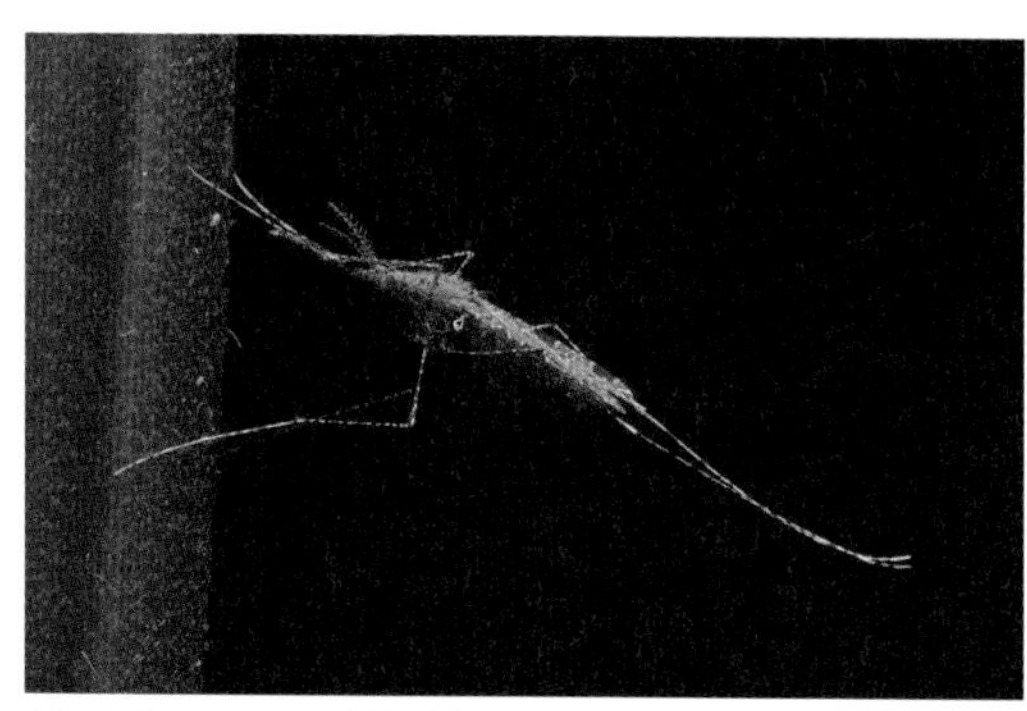

図3-12 重度のマラリア汚染地帯で見たハマダラカ *Anopheles* sp.（エクアドル）．刺されると致命的だが，翅の模様の美しさには息を呑んだ．属名 *Anopheles* は和訳すれば「無益」だが，そんな生き物は地球上にはいない

生き物の住処とわかっているところにズカズカ踏み込んでおいて、それが危険だから殺すなど。手塚治虫の『ブラック・ジャック』に出てくる本間丈太郎の言葉そのままに、人間が生き物の生き死にを自由にしようなんておこがましいにも程がある。もし宮沢賢治が存命なら、生態学者というものがいかに極悪な人種かを辛辣に描く童話を、10も20も書くだろう。蚊もダニも生きるために必死なのだ。悪意など欠片もなく、生きるため、子孫を残すために人間に向かってくる。彼らのその一途な姿には、一定の敬意を払ってしかるべきだと私は思う。ちなみに、私は自分をあれほどの目に遭わせた蚊すら、この世で一番美しい姿の生き物の一つに思っている［図3－12］。

しかし、その一方で我々も生きている。生

き物に等しく生きる権利があるなら、人間もまた生きる権利を同等に持つ。危険生物たちが生きるためにこちらに向かってくるなら、こちらの側も生きるため、相応に迎え撃つのは当然だ。私はたいがいの生き物が好きだし大事だと思っているが、それ以上に自分の命が大事だ。そんな自分の命を脅かす生き物と森で遭遇して、どうしてもそれを安全に遠ざけられないなら、私はそれと戦い、容赦なく殺す。毒虫でも毒蛇でも野犬でも、平等に。

生態学者は、絶対に森から生きて帰らねばならない。なぜなら、絶対に森から生きて帰ることが生態学者の使命だからだ（日本生態学会、2008）。いくら世間をあっと驚かす新種を見つけようが、この世の理を覆す未知の法則を捻り出そうが、その結果死んだら何の意味もない。死んで国民栄誉賞なんかもらっても、何も嬉しくない。それにフィールドで死ぬ生態学者は、研究を支えてくれた2つの大いなるスポンサーに対する裏切り者になると、私は思う。

ひとつは国民。大学の調査研究で海外に行く場合、その旅費の出処はつまるところ国民の税金だ。調査旅行というのは、税金を納める全国民がスポンサーになってくれているおかげで行かせてもらっているようなものである。そんな国民の皆さまを、死ぬという形で裏切ってはならない。

もうひとつは、私の帰りを待ち続けている人々。人間のカスみたいな私だが、そんな私でも大切に思ってくれる両親、ごくわずかな親友、大学の教授、研究室の面々その他がいる。これらすべてが、私が死んだら同等に悲しむかは疑わしい。しかし、一人でも涙する人がいてくれるならば、私はまだ死ねない。私は一度死にかけたおかげで、自分の体力の限界、これ以上頑張ると死ぬという境目がわかるようになった。だからあの一件以後、海外調査に出て「これはもうヤバイ」と判断したら、その日はもう何もせず休むことにしている。そんな私のさまを見て、「怠けている」「やる気がない」などと平然と言ってのける大学教員を何人か知っている。こういう人間は、学生を指導する者として非常に問題がある。学生は、野外調査でデータを取ることに、教員が思っている以上の精神的重圧を感じている（日本生態学会、２００８）。悲惨な出来事の後にそれに気づくのでは遅過ぎるのだ。勇敢と無謀は同義ではない。教員の立場にある者は、それを十分に理解してほしい。

私はこれからも未開の森で危険な生き物たちといがみ合い、殺し、適度に仕事をサボりつつ五体満足な姿で、待つ者たちのもとへ帰り続けたい。

ボルネオの「死の森」

病床から復活してからというもの、私は丸山先生とともに東南アジアの各地を巡り、その先々でいろんな好蟻性生物を狩ってまわった。右も左もわからなかった最初のころは、熱帯のジャングルとあればどこに行ってもワクワクしたし、きっとあらゆる虫がどこかにかならず潜んでいると信じて疑わなかった。しかし、回数を重ねるにしたがい、「ここの森はよさそうだな」とか、「ここはきっとダメだろうな」というのが何となく判別できるようになってきた。つまるところ、森に対してどこかしら諦観じみた感覚を持って見るくせがついてしまったのである。

その諦観を一番禁じ得ない場所は、市街地やプランテーションによりパッチ状に隔離され、分断されたジャングルだ。東南アジアは近年盛んな都市開発の影響で、森だった場所がどんどん細切れにされてきている。こういう立地のジャングルは生き物の往来ができないため、近親交配などの影響で次第に生き物が少なくなっていく。ことに好蟻性生物など、都市部の森ではてきめんに種類相が貧弱である。また、分断されていない広大なジャングルでも、状況次第では森の生き物が根こそぎ消滅してしまうことがある。その実際を目の当たりにしたのが、ボルネオ北部にあるキナバル山であった。

キナバル山はボルネオ最高峰で、昔から原生林の広がる豊かな自然の宝庫として知られている。その麓には、かつて日本人が掘り当てたという温泉が湧いており、温水プールや宿泊用のコテージが並ぶ。じつは、この温泉の裏手にあるジャングルで、大型かつ不思議な形をしたツノゼミがいくつも見つかった記録がある（奥本、1985：Stegmann *et al.*, 1998）。そこで、そのツノゼミを我々も探そうということで、ボルネオでの調査の折にここへ立ち寄ったことがあった。我々は、温泉街から遠からぬ場所のコテージに2泊くらい滞在した。そのコテージは、しばしば金持ちの日本人観光客が訪れるようで、「夜にでかい虫が飛んできて最低」などと言われているらしかった。我々にとっては「最高」な立地であろうとのもくろみがあり、なけなしの銭をはたいて予約した宿であった。事実、夜中に玄関の灯りには巨大なセミやらヨナクニサン *Attacus atlas* やら、ボルネオ特有のモーレンカンプオオカブト *Chalcosoma moellenkampi*［図3-13］やらが飛んできて、それはそれは楽しかった。しかし、この場所で楽しかったことと言ったらそれだけだった。

日中、我々は温泉の裏手にある広大な山林に分け入ったのだが、なかの環境を見て愕然とした。いっけん、森の状態はすこぶるよく見えた［図3-14］。樹齢を重ねた巨木がいくつも立ち並び、苔むした樹幹はこの森が相当な年数、人の手で「直接」荒らされないまま佇んでいたことを、雄弁に物語っていた。ところが、虫はといえばこれが全然見つからないのだ。熱帯のジャングルというのは、もともと虫が簡単には見つからない場所なのだが、ここに関しては状況

図3-13 モーレンカンプオオカブト
Chalcosoma moellenkampi
(ボルネオ).
捕まえるときに背面の,
胸と腹の継ぎ目にうっかり指を置くと,
すごい力で挟まれて出血する

図3-14 温泉の裏山(ボルネオ).
見た目は本当に素晴らしいが,
実態は悲壮きわまる森

があきらかに違った。虫が「本当はいるけど巧みに隠れていて見つからない」のではなく、「本当にいないので見つからない」のだ。理由はすぐにわかった。麓の観光施設の「灯り」である。

かつてここを訪れた人に話を聞くと、少なくとも20年くらい前までここの温泉はいまほど観光地化されておらず、夜間に灯りなどつかなかったらしい。それが、いまや街灯やコテージをはじめ、夜間につく灯りがものすごく多い。ほとんど観光客が寄りつかないような区画にも街灯や無駄なライトアップがなされ、それが観光客の帰っていなくなった後も煌々と夜通しついているのだ。これにより、森からたくさんの虫が引き寄せられて飛んできて、そこでみな干からびて死ぬ。言ってみるなら、麓の観光地全体が巨大な「灯火トラップ」になり、ここ20年間ほぼ毎日、森に住む虫をどんどんおびき寄せては殺し続けていたのである。当然、目当てのツノゼミなどまったくいなかった。虫の付いていない食草だけが、ただ静かに茂っているばかりだった。あれほどツノゼミがいない熱帯の森も珍しい。都市部の緑地公園のほうが、まだ種類は多い。もちろん、ここの森の場合は灯りだけでなく、いろんな要因が複合的に絡んでいるとは思うが……。

生態系ピラミッドの土台たる虫がいないことは、おそらくピラミッド全体に多大な影響を及ぼしている。鳥はそこそこいたようにも記憶しているが、熱帯の森につきもののサルの声がまったくしなかったのは不気味だった。サルはよく虫を食べるから、餌になる虫が少ないあの森には住めないのだろう。セミも鳴いていなかった。麓の街灯にみんな吸い取られてしまうので、森にセミがいないのだ。まさしく「沈黙の森」だった。地面に目をやると、さらに不可解な光景が展開されていた。薄暗い森のなかだというのに、やけに乾いた地表に落ち葉がうずたかく積もっていたのである。普通、マレーシアあたりの緯度にあるジャングルで、地面に落ち葉がそのまま積もっていることはあり得ない。なぜなら、ジャングルには無数のシロアリがおり、落ち葉を片っ端から食べて分解してしまうからだ。しかし、この森にはシロアリ、とくに東南アジアの森ではどこでも見かけるはずの大型種オオキノコシロアリ *Macrotermes* spp. がまったくいなかった。シロアリは、巣から雄と雌の翅アリを大量に飛ばして巣別れを行うが、この翅アリというのはことさら夜間灯火に集まる性質が強い。かつてはここにもシロアリは住んでいたのだろうが、ほかの例に漏れず翅アリがすべて灯りに殺されてしまい、次世代が残れずいなくなったのだろう。

あそこの宿に泊まったということは、私もあの森に住む虫たちの大量殺戮に荷担してしまったということである。罪滅ぼしに、灯火に飛来したモーレンカンプオオカブトをカバンに入れて、温泉の裏山のずっと奥まで持って行って放してやった。あの種類としては最大サイズの雄だったが、あれがあの山最後のカブトムシでないことを祈るばかりだ。

南米を征服せよ

地球の裏まで何マイル

博士課程のある日、丸山先生から突然「南米のエクアドルに行こう」と誘われた。某テレビ局のスタッフが、南米のグンタイアリに関する番組を作るための撮影に行くらしく、専門家として同行を依頼されたらしい。グンタイアリといえば、すさまじい大群でジャングルを練り歩き、行く手にいるあらゆる生物を食い殺していくことで有名な「人食いアリ」だ（実際は、そうそう人が食われることなどない）。私は当然、新大陸の地面を踏むなどはじめてだったし、グンタイアリをはじめ向こうの奇妙な虫たちをこの目で見たかったので、二つ返事で了承して出撃する運びとなった。こういう書き方をすると、単なる物見遊山の観光のように思われそうだが、あくまでこれはみずからの研究活動の一環として行ったのである。南米では、アリヅカコオロギに関して以前から確かめたいと思っていた懸案があったからだ。

とんでもない時間を飛行機内で過ごしてヒューストンの空港まで行き、そこから別の飛行機でまたとんでもない時間をかけてエクアドルの首都、キトの空港まで行く。キトはべらぼうに高標高地のため、空気が薄い。空港へ到着した瞬間、頭がクラクラした。この町から、車でほぼ丸1日かけて山奥へと分け入る。南米は全体的に物騒だという噂を聞いていたため、途中で車が強盗に襲撃されないか、停車時に外の通行人が剪定ばさみでいきなり私の腕時計を、私の腕ごと刈って行きはしないかと怯え、車内で小さくなっていた。ちなみに、信号で停車したとき、突然道脇の植え込みからタイマツと酒ビンを持った男が躍り出て、口から酒を炎に吐き出してボーボー火を噴き、見物料として小銭を要求するというのはあった。

調査地となった場所は、周囲を森に囲まれたコテージだった。もう、見るものすべてが新鮮だった。同じ熱帯なのに、東南アジアとはまるで生き物が違う。いや、いっけん似たように見えてじつは全然違う生き物だらけ。アジア熱帯と新熱帯というのは、まったく別の材料を使って同じ物を作ろうとした雰囲気の違いがある。もちろん、グンタイアリは間もなく発見できた

図3-15 メネラウスモルフォ *Morpho menelaus*（エクアドル）. 翅表は綺麗だが, 裏はこのように小汚い茶色

し、それにまつわる多様な好蟻性昆虫もいた。しかし、それに関してはすでに丸山先生の著書『アリの巣をめぐる冒険』（幻冬舎新書）のほうで詳細に書かれているので、ここではいまは触れない。

森を歩くと、大きなモルフォチョウが颯爽と頭上をかすめて行く［図3-15］。森でしゃがんで何かをしているときにこいつが飛んでくると、「あっ」と叫んで作業の手を止め、そのまま姿が見えなくなるまで見送ってしまうのが常だった。美人は3日で飽きると言うが、モルフォチョウは1垓回見ても飽きない。同様に、アジアでは少ないシジミタテハ類の種類の多さ、そして美しさには言葉も出なかった。

南米の昆虫でもっとも素晴らしいものの一つにツノゼミが挙げられる。南米のツノゼミには、この世のものとはとうてい思えないような形状の種がたくさんいる。そして、そんな不可思議なツノゼミはけっして珍

図3-16 アシブトメミズムシの一種 *Gelastocoridae* sp.（ペルー）．ガマガエルのような肉食性カメムシ．写真の左上にツノゼミの残骸が見える

しい存在ではなく、その辺のホテルの植え込みのような環境でも見られるのだ。私が泊まったコテージのそばに生えていた、たった1本の低木にも十数種類が生息しており、私と丸山先生は夢中になって探した。数日探すと、だいたいこの近辺にはこれだけの種数が生息しているようだというのが感覚的にわかったつもりになったのだが、じつはそれは単なる思い込みに過ぎなかったのだ。

ある日、泊まっていた高床式のコテージの床下に潜り込み、そこに住むアシブトメミズムシ Gelastocoridae sp.［図3-16］を撮影していた。撮影中、ここの床下はやけに虫の死骸が多いなと思った。じつはこのコテージには夜間、灯火がつくとすさまじい数の虫が飛来する。それらの多くはそのままそこで死に、翌朝コテージの管理人がホウキで床下に掃き捨てていたのだが、その死骸のなかに意外にもツノゼミが多く含まれてい

図3-17 アリクイカニグモ
Aphantochilus rogersi（ペルー）.
このクモは,
南米特有の平べったいアリ,
ナベブタアリ *Cephalotes atratus* に
そっくりなばかりか, それをほぼ専食する.
写真右のアリクイカニグモが,
写真左のナベブタアリを食べている

図3-18 アシナガバチそっくりの
サシガメ*Notocyrtus* sp.?（エクアドル）

た。すべての死骸は変色し、体のパーツが破損していたが、それらの多くはあきらかにその辺の植え込みでは見かけない種類なのだ。どうやら、ツノゼミのなかには高木の天辺近くにしか住まない種類がいるらしい。それらは、偶然木が倒れて横になっているのに遭遇するか、灯火にたまたま飛来するのを待つ以外に、姿を見る手段がないのである。すぐ近くに、我々の知り得ないツノゼミたちの「秘密の園」がある。それがわかっているのに、手を出せないのが何とももどかしかった。

このほか、南米の昆虫は擬態の名人として知られる。アジアにも擬態昆虫はいるが、南米のそれはどれも神がかりレベルで、アリ擬態グモ［図3-17］を筆頭にこちらの予想の斜め上を行く昆虫ばかりだった。しかし、なかでも一番すごかったのは、ハチそっくりなサシガメ［図3-18］だった。体型から色彩まで、現地のアシナガバチそのものだが、驚くべきは胸部がハチの顔になっていることだ。胸部にハチの目そっくりな銀ねず色の紋が1対あり、遠目に見るとまさに本物のハチなのである。私は野外にいるたいがいの擬態昆虫（有毒種に似ている系）は、一目見てすぐ偽物と見破れるが、こいつにだけはだまされた。正体がわかった後も、「本当にサシガメだよな？」と、何度も振り返って確認しに行ったほどだ。アジア熱帯と新熱帯とで、どちらがより生物がたくさんいるかは、一概に言い切れないと思う。でも、個人的には新熱帯のほうが、幼いころに思い描いていた「見ていて視力が悪くなりそうなド派手な蝶や鳥が、無数に乱れ飛ぶジャングル」のイメージに近かった。

結局、エクアドルでは当初予想していたような危険な目に遭うこともなく日本に戻って来られた。しかし、いまだから言うが、我々が宿泊した山奥のコテージはひどかった。ここには共用のシャワー室があり、冷水と温水のハンドルが付いているのに、我々だけが宿泊している間は温水がまったく出ず、心臓が止まるほど冷たい水を毎晩浴びる羽目になった。ところが、我々の滞在中に白人観光客が2、3日だけ泊まりに来たのだが、なぜかそいつらの滞在中のみ温水が潤沢に出たのである。

アリヅカコオロギのいない大陸

先ほど、「南米に行ったのはアリヅカコオロギに関して確かめたい懸案があったから」だと述べた。その内訳をここで披露しよう。

日本を含め、アジア地域でアリの巣をほじくればかならずその姿を見るであろうアリヅカコオロギ。世界中の大陸に広く分布する本属だが、不思議なことにアフリカ大陸、そして中南米には基本的に分布しないらしい。中南米に関しては、過去にコロンビアやブラジルで *M. americanus* が得られた記録があるものの、その例数はきわめて少ない（Wetterer & Hugel, 2008）。この種は全世界に分布するアリヅカコオロギとされており、上記の「異例な記録」は同じく全世界に分布を示す放浪種のアリ、ヒゲナガアメイロアリ *Paratrechina longicornis*（Wetterer, 2008; Wetterer & Hugel, 2008）の巣内で得られた個体のみである。前にも書いたが、放浪種とは人為的な物資の輸送に伴って分布を拡大するアリ種のことだ。南米固有のアリ種の巣からは、いまだにアリヅカコオロギが得られた記録はない。そのため、わずかに得られた個体は人為的な要因で寄主アリとともに他地域から侵入したものであり、南米において本属は自然分布していないと私は考えている。私がエクアドルに行ったのは、南米のアリの巣内におけるアリヅカコオロギの見つからなさ加減を、自分自身の目で確認するためだったのである。

私は前述のエクアドルにくわえ、後述のようにその後別件で赴くペルーでも、かなりの広域

属	エクアドル	ペルー
グンタイアリ亜科(計16種)　Ecitoninae		
ヒトフシグンタイアリ属　*Cheliomyrmex*	1	0
グンタイアリ属　*Eciton*	10	6
マルセグンタイアリ属　*Labidus*	6	4
ヒメグンタイアリ属　*Neivamyrmex*	5	3
ショウヨウアリ属　*Nomamyrmex*	1	1
デコメハリアリ亜科(計1種)　Ectatomminae		
マガリアリ属　*Gnamptogenys*	0	1
ヤマアリ亜科(計8種)　Formicinae		
オオアリ　*Camponotus*	1	1
メダマハネアリ属　*Gigantiops*	0	1
ミツバアリ属　*Acropyga*	13	3
アメイロアリ属　*Paratrechina*	1	2
カタアリ亜科(計5種)　Dolichoderinae		
アステカアリ属　*Azteca*	3	1
カタアリ属　*Dolichoderus*	7	0
アルゼンチンアリ属　*Linepithema*	0	3
フタフシアリ亜科(計30種)　Myrmicinae		
トガリハキリアリ属　*Acromyrmex*	1	1
クビボソキノコアリ属　*Apterostigma*	1	1
ハキリアリ属　*Atta*	2	5
ハナビロキノコアリ属　*Cyphomyrmex*	4	7
コカミアリ属　*Wasmannia*	2	3
シリアゲアリ属　*Crematogaster*	3	2
アゴウロコアリ属　*Pyramica*	0	1
ウロコアリ属　*Strumigenys*	2	1
オオズアリ属　*Pheidole*	15	10
ヒメアリ属　*Monomorium*	2	0
トフシアリ属　*Solenopsis*	7	7
シワアリ属　*Tetramorium*	1	0

表3-1 私が南米で巣を調査した, 全アリ種の一覧表および調査コロニー数. これらのなかで, アリヅカコオロギが発見されたコロニーは皆無だった. アリの和名は仮称を含む

属	エクアドル	ペルー
サシハリアリ亜科(計1種)　Paraponerinae		
サシハリアリ属　*Paraponera*	0	1
ハリアリ亜科(計12種)　Ponerinae		
ヒメアギトアリ属　*Anochetus*	1	0
トゲズネハリアリ属　*Cryptopone*	2	0
ハシリハリアリ属　*Leptogenys*	1	1
アギトアリ属　*Odontomachus*	4	1
フトハリアリ属　*Pachycondyla*	5	0
ハリアリ属　*Ponera*	1	1
フタバハリアリ属　*Simopelta*	2	0
計(63種)	104	68

表3-1 続き

にわたり執拗に多数の分類群のアリの巣を暴いた。しかし、ほかの好蟻性昆虫は見つかるのに、アリヅカコオロギだけはどうにも発見できないのだ。「不在証明」というものの不可能さに関しては、もはやここで言及するまでもない。だが、もし仮に本属が南米に生息していたとしても、アジア産の種類が生息しているようなハビタットには確実に生息しないことは断言していいと思う。これまで幾多のアリ研究者がさんざん調査に入った中南米で、現在過去を通じてこれだけ記録がないのだから。

新大陸でアリヅカコオロギ属が確実に自然分布するのは、メキシコ周辺より北と考えられる(Hebard, 1920)。一方で、本属の見られない中南米で、それとよく似た生態的地位を占める好蟻性ゴキブリ類[図3-19a]が多数知られるのは興味深い(Princis, 1960; Roth & Willis, 1960; Brossut, 1976; Wheeler, 1900)。好蟻

図3-19 世界の好蟻性ゴキブリ. a：ハキリアリ *Atta* sp.巣内に住むアリヅカゴキブリ *Attaphila* sp.（ペルー）. ハキリアリは外で切り取った木の葉を巣内で発酵させてキノコ栽培するが，ゴキブリはそのキノコ畑・菌園に住み付く. b：シリアゲアリ *Crematogaster difformis* 巣内にいるタカミアリゴキブリ（仮称）*Pseudoanaplectinia yumotoi*（ボルネオ）. 高さ数十メートルに達する高木の幹に着生するビカクシダ *Platycerium coronarium* 内にて. ユモトゴキブリとも呼ばれる

性ゴキブリは、アリヅカコオロギ属が普遍的に生息するアジア地域では逆に少なく、現在知られている確実なものは1種のみだ（Roth, 1995）。私が「タカミアリゴキブリ」と勝手に呼ぶこのゴキブリ *Pseudoanaplectinia yumotoi*［図3-19 b］は、アリヅカコオロギがおそらく生息しないであろうジャングルの高木の天辺に生えるシダ内部で、シリアゲアリの一種 *Crematogaster difformis* と共存する。アリヅカコオロギ属の現在の分布様式には、過去の地史にくわえて、ほかの好蟻性昆虫とのハビタットを巡る競争も密接に関与しているように思える。

ちなみにタカミアリゴキブリという名の由来は、ゴキブリが主人公として登場する北杜夫の小説『高みの見物』から。

彼女を謝辞に

博士課程の3年目、私は学位取得のために博士論文を執筆した。年度の後半になると、学科の教員、大勢の学生らを前にしての予備審査を何回か行わねばならず、慌ただしかった。各教員の方々からのこっぴどくも的を射た指摘に、さんざん悩まされ凹まされた一方、私を励ましてくれる者たちが常に側にいてくれたため、私は頑張れた。

ひとつは、言うまでもなく森の生き物たち。秋から冬にかけての論文執筆たけなわの時期、友人も伴侶もいない私のすさんだ心を癒したのは、近所の凍てつく夜の森に潜むフユシャクやコケオニグモ *Araneus seminiger*［図3-20］の美しさ、野ネズミの愛らしい顔だった。もうひとつの大切な心の支え、それこそが私のノートパソコンの内部に巣くう「2次元美少女」たちであった……！

ご存じない人のために書くと、この世にはパソコンで遊べるゲームというものが数多存在する。それらのなかでも「18歳未満お断りの、とあるジャンル」のゲームには、理由は知らないが美少女キャラクターしか登場しない。そして、こういうゲームには特殊な「薬効」があり、やはり理由はまったく不明なのだが、プレイすると体の血の巡りがとてもよくなる。その関係で酸素が脳にそこそこ行き渡るため、頭の回転が素晴らしくよくなるのである。同時に、きわめて中毒性が強く、一度手をつけるとけっしてやめられなくなるのだ。ちょっと思考がパンク

図3-20 コケオニグモ *Araneus seminiger*（長野）. 地衣類の多い樹幹で越冬する. 非常に発見困難

しそうになれば、デスクトップ上のかわいいピンクのアイコンをダブルクリックし、統計解析でつまずきそうになれば、ピンクのアイコンをダブルクリックし、隣の部屋から不埒な声が聞こえれば、ピンクのアイコンをダブルクリックし……。いつしか、ピンクのアイコンをダブルクリックした先の、次元の狭間の向こうで待つ「平べったい妻たち」との逢瀬をはたさずには、もうまともに論文が書けない精神状態にまで陥っていた。

12月の中旬、博士論文の下書きの第1稿を教授に提出するころのことだった。私は一通りの内容を書き上げ、謝辞を書く段階に入っていた。私は、お世話になったよその研究所や大学その他の先生の名に連ねるように、至極当たり前に「森の生きとし生けるもの」、そして「2次元美少女」たちの名を10個くらい書いて提出した。2週間後、教授から添削された論文が返ってきた。謝辞のページには、「彼女」たちの名前の全部に赤線が引かれ、「実在しますか……?」と一言。さすがに「2次元美少女の名前を学位論文の謝辞に入れてはならないのか」と教授のところへケンカしに行くのは、私のなかのヒトとして最後に残された理性が踏み留めた。とりあえず穏便にことを運ぶべく、論文審査期間中は謝辞から「彼女」たちの名前を消した状態にしたのだが、それでも私のなかでは納得が行きかね、例によって中2病的な思考を巡らせた。

よそではどうか知らないが、少なくとも私の研究室では、学会発表や学位論文の謝辞に「学科の皆様にはお世話になりました……」という文言を書く慣習があった。学科の皆様というのは、文面通りに取ればこの学科に属する教員、学生、院生、ポスドクすべてを含む。しかし実際のところ、これら全員が論文執筆のうえで私に等しく適切な直接的助言をしたわけではない。本当にお世話をしてくれた人間は、学科内の人間のうちのごくごくわずかだ。一方で、私のパソコンに巣くう「彼女」たちは、文字どおり論文執筆中、いつ何時でも私のかたわらに居続けた。思考に詰まったときは、「彼女」たちと戯れることで脳内に酸素を行き渡らせ、それに起因するひらめきと発想転換により幾度助けられたことか……。言ってみるならば、あの学位論文は「彼女」たちとの合作だ。「彼女」たちが私の肉体を借りて執筆したようなものじゃないか。謝辞どころか著者にすらくわえてしかるべき「彼女」たちを、実在しないから(いや、プログラムという状態で実在している）と謝辞から外すのは絶対におかしいのである！

結局、学位論文の本審査は無事に通り、私は理学博士の学位を取得することに成功した。その後、論文の細かい部分を修正した版を複数印刷、製本し、各方面へ提出したのだが、この修正時にこっそり1人だけ、美少女ゲーム「ToHeart2」のキャラクターである「向坂環（こうさかたまき）」さんの名を謝辞に混ぜておいたのは内緒の話だ。ともあれ、私は晴れて博士号を取得できたわけだが、喜びの感情より不安のほうが大きかった。なぜなら、その後ポスドクとして生きていくための生活費を確保すべく申請していた、日本学術振興会の特別研究員PDが見事に落とされたためである。同時にほかへ出していた複数の研究員公募も面白いように全部落ち、このままでは4月から無職だ。せっかく研究者として華々しい第一歩を踏み出そうとしたら、踏み出す前に床が抜けた。このまま床下を突き抜け、地中を突き抜けて地球の裏側まで一直線なのか？

第4章 裏山への回帰

ポスドク迷走

一筋の蜘蛛の糸

学位は取ったがあわや無職という矢先、思わぬ朗報が舞い込んだ。教授がかねてから申請していた研究プロジェクトの科研費が通ったのだ。明日どころか今日の飯すら心配しはじめていた私は、このプロジェクトに乗せてもらう形で4、5年は生活を保障してもらえることとなった。私には、教授が現人神(あらひとがみ)に思えた。しかし、単に死刑執行が先延ばしになっただけなので、手放しでは喜べない。この期間中に業績をとにかく可能な限り出して、次の寄主、いやポストを狙わねばならない。

私が雇われた研究プロジェクトは、熱帯の植物とアリによる共生関係の進化を探るというものだった。東南アジアに分布するトウダイグサ科 Euphorbiaceae の高木、オオバギ属 *Macaranga*［図4-1］の二十数種は、中空の幹内にシリアゲアリ属 *Crematogaster* (*Decacrema*) のコロニーを住まわせる「アリ植物」として知られる (Quek *et al.*, 2004)。この仲間のアリは攻撃的な性格をしているため、植物はこれを自分の体内に住まわせることで、葉を食べに来る害虫を遠ざけることができるのだ。その一方で、植物は葉や茎から「栄養体」という、タンパク質や脂肪分

図4-1 オオバギの一種 *Macaranga bancana*（マレー）．茎に等間隔に並ぶ托葉内部に栄養体が詰まっている．托葉にはスリット状の隙間があり，アリが出入りする

に富む粒子を大量に分泌し、アリに餌として与える。さらに、この植物の幹内部には特殊なカイガラムシも住み着くことが多く、これが分泌する甘露もアリにとって貴重な餌となる［図4-2］。あり余る餌をほどこされ、よそへ採餌に出る必要のないアリたちは、一生涯オオバギ上で植物の「用心棒」をし続けるわけである。

この共生系そのものが誕生した進化的な背景自体も興味深いのだが、さらに面白いのは、この共生系の上に「用心棒」であるはずのアリの防衛を巧みにかわし、利益を盗み取ることに特殊化した寄生性の昆虫群集までも成立していることだ（Itino & Itioka, 2001; Okubo *et al.*, 2009）。オオバギの葉を食い荒らしたり、栄養体を盗んだりする蝶やカメムシ、タマバエ、ナナフシなど、様々な分類群の昆虫がこの共生系に便乗するのがこれまでわかっており、さらに多くの分類群が見つかる様

図4-2 オオバギの一種 *M. trachyphylla* 幹内のトフシシリアゲアリ *Decacrema* sp.とヒラタカタカイガラ *Coccus* sp.（ボルネオ）

相を呈している。私に割り当てられた当座の仕事は、分子系統解析その他の手法により、これら共生系およびそれに便乗する寄生者群集の誕生の起源を調べること、さらに実際に現地に赴き、野外観察データおよびサンプルを集めてくることである。ここでは、過去2、3年の調査により得られた成果のなかでも、最近論文になった面白い小話を1つ紹介しようと思う。

こそ泥の驚異

マレー半島とボルネオに分布するアリ植物オオバギ類には、かねてよりカメムシ、なかでもカスミカメムシ科 Miridae（ヒョウタンカスミカメ属 *Pirophorus*）の仲間が住み着いていることが知られていた（Itino & Itioka, 2001）。体サイズや背格好がアリにそっくりで、とくに幼虫期はぱっと見ただけでは野外でアリと区別するのが難しいほどだ［図4-3］。それらは外見の酷

図4-3 オオバギの一種 *Macaranga hypoleuca* に住むキンオビトゲヒョウタンカスミカメ *Pilophorus aurifasciatus*（マレー）．上がアリ，下がカメムシ．栄養体を盗む行動が観察されている（Nakatani *et al.*, 2013）

似した数種類が素人目に見てもあきらかに存在し、種類ごとに決まった種のオオバギに取り付く傾向が認められていた（Irino & Irioka, 2001）。だが、この分類群に詳しい専門家の人が我々の研究プロジェクトメンバーの近しいところにいなかったため、当研究プロジェクトのメンバーたちには十数年前からその存在だけはわかっているのに、その正体はまったくわからないという状況が続いていたのだった。

時は流れて2011年、信州大学で日本昆虫学会の大会が開かれた際、私はこのカメムシに関する発表を行った。それが縁で、カメムシの分類に詳しい方と知り合うことができ、さらにそれが縁となって、これまで得ていたマレー半島やボルネオのヒョウタンカスミカメ属の標本を見ていただけることになった。その結果、驚くべき事実がいくつもあきらかになった。

それらのなかには、いっけん区別しがたい7種類

図4-4 アリ共生コショウの一種 *Piper* sp.（ペルー）. 葉柄に隙間があり, アリを養う. 写真を撮った地域では, なぜかアリは入っていなかった

（マレー半島で3種類、ボルネオで4種類）が含まれており、そのすべてが新種だったばかりか、2地域間で種がまったく重複していなかった。つまり、それぞれの地域で別々のカメムシがオオバギ上の居候として種分化していたのである（Nakatani *et al.*, 2013：もちろん、今後の調査によりいくつかの種で分布の重複が判明する可能性はあるが）。

さらに、それらは生殖器の形態を考慮すると、かならずしも互いに近縁種同士でないのがあきらかにもかかわらず、すべての種が「背中（小盾板）が隆起してコブになる」という、外見上よく似た形態的特徴を持っていた（Nakatani *et al.*, 2013）。これにより、彼らは遠目に見ると体が節くれ立って見えるため、結果としてアリに似て見えるのだ。オオバギに住むシリアゲアリは、サイズは小さいが攻撃的なので、好きこのんでこれを捕食しようとする生物は少ない。そんなアリに姿を似せ、アリの群れに付かず離れず交ざることで、カメムシは捕食者の目をごまかしているのだろう。このカメムシ類がオオバギ上で何をして生きているのかは最近までよくわかっていなかったが、少なくともマレー半島産の種に関しては飼育実験により、オオバギの栄養体を特異的に（それだけを好んで）摂取する様子が観察された（Nakatani *et al.*, 2013）。

じつは、地球の裏側である中南米でも、このオオバギと同じような植物―アリ―寄生者の関係が独立に進化している（Letoureau, 1990）。オオバギとはまったく遠縁なコショウ科 Piperaceae の仲間なのだが、幹内にオオズアリの一種 *Pheidole bicornis* を住まわせて栄養体を提供するという、東南アジアのオオバギと似た生態様式をもっている［図4-4］。しかも、この植物上には栄養体を盗み取ることに特殊化した昆虫までも存在する（これはカメムシではなく、カッコウムシ科 Cleridae の甲虫）。地理的に見ても、分類学的に見てもまるで縁のないはずの生き物同士が、偶然同じような進化を遂げてしまう「収斂（しゅうれん）」という現象には、ただただ驚くほかない。

コラム●偉大なアリ研究者

研究者の間でしばしば議論される話題の一つに、「論文は少しでもいいからレベルの高い雑誌に載せるべきか、それともレベルの低い雑誌でもいいから数多く載せるべきか」というのがある。つまり、論文は質か量かという問題である。それぞれの側に、それぞれを正当化するもっともな言い分があるため、たぶんどちらが正しいということはない。しかし、私は個人的には新しい発見ならばすぐ論文にして、たとえマイナー誌であってもなるべく国際誌を選んでどんどん発信すべきだと思う。たとえそれが取るに足りない、後世誰が引用するかもわからないような内容であっても。なぜなら、科学とはそういうものだと思うから、というのもある。それ以上に、ある程度エラくなった研究者ならともかく、下積みの少ない若手研究者にとって業績数の多少はあらゆる局面でものを言う。なんだかんだ言ったところで、論文数の少ない奴は仕事をしていないと判断され、公募や科研費申請の場面で箸にも棒にも引っかからない、というのはさんざん経験している。それに、私が言い方は悪いが「論文は粗製濫造すべし」説を支持するに至ったのには、ある有名なアリ学者の影響がある。

マシュビッツ Ulrich Maschwitz やウィルソン Edward Osborne Wilson という人たちがいる。いずれもアリを材料に行動、生理、進化、分類、あらゆる切り口から研究を続けてきたスーパーマンのような人たちで、アリ以外の分野にもかなり手を出している。いまやアリ学に携われば、各方面でその名を聞かないことがない有名人だが、そんな彼らにも下積み時代はあった。若かりしころの彼らはジャングルに住み込み、アリを中心に様々な生き物を観察しまくった。そして、見つけたことは主著・共著を問わず、逐一国際誌に出し続けたのである。それこそ、「どこにナントカ虫がいた」とか、「ナントカ虫が何をしていた」程度のことをである。アリ学のバイブル「The Ants」（Hölldobler & Wilson, 1990）の巻末にある引用文献リストを見ると、彼らの狂人ぶりがよくわかる。彼らが論文を載せた雑誌のなかには、論文の偏差値と言われる「インパクトファクター」すら付いていないものも多い。たかだか1、2ページで終わってしまう短い論文も少なくない。しかし、それでも国際誌は国際誌である。そして、たとえ些細な発見でも、それらはこれまで彼ら以外の全人類がなしえなかったものばかりだ。その結果として、彼らの「マイナーな成果」は、後世の生態学者たちの研究の礎となり、今日も多くの人々により引用され続けている。当時の彼らは、きっと自分の出した成果がそこまで後生引用され続けるとは思っていなかったのではなかろうか。もちろん、研究分野によって最適な論文生産ペースは違うはずだが、少なくとも昆虫の分類・生態に携わる研究者なら「論文は粗製濫造」くらいの気持ちでいたほうがいいと思う。私は将来マシュビッツらになりたいわけではないけれど、これまで「この好蟻性昆虫がどこにいた、この種類のアリと共生していた」程度の短い論文はいくつも出した。

本職の研究者以外にも生き物のことを調べている人々は、世のなかにたくさんいる。そうした人々にお願いしたいのは、国際誌とまでは言わないまでも、自身が持っているデータはどんなに些細な発見でも死蔵せず、学術雑誌や同好会誌に報告してほしいということである。例えば、先の忌まわしい東日本大震災後、放射能の影響を調べる一環として被災地周辺における生き物の調査がたびたび行われている。しかし、被災前の被災地周辺にどんな生き物（それも珍種ではなく普通種）がどれだけ生息していたのかという情報に乏しく、いくら被災後のデータを取っても比較対象になる昔のデータがないので困っているという話を、そういう調査に関わった人から聞いている。その場にいるある生き物が多い少ない、もしくは形態がおかしいと思ったとき、それがもともとその地域特有の現象なのか放射能の影響なのかを判断するには、その場所の生き物に関して先人たちが長年蓄積してきた情報との照らし合わせが何よりものを言う。その情報というのは、それこそ「どこにナントカ虫がいた」程度の、普段ならエラい研究者からバカにされるような論文の寄せ集めだったりするのだ。本職であれ在野であれ、研究者は自身の研究成果を過小評価すべきではない。人間は、未来の世の中のことなどわからない。いまは格下に見られているその成果報告が、後世、とてつもなく貴重な情報源として重宝される可能性だってあるのだ。

当然だが、ここでいう粗製というのは「野外で見つけた、取るに足りないようなちっぽけな発見」の意味であって、いい加減にやった研究や捏造データを論文にしろという意味ではない。

進撃の奇人

奇怪な妖虫

信州大学でのポスドク時代、私は自分に課せられた仕事をするかたわら、比較的好きなことを自由にさせてもらえた。やや滞り気味になってしまったが、地味にアリヅカコオロギの研究は粛々と続けていたし、相変わらず空き時間には裏山へ赴いて、ちょっとした論文のネタになりそうな発見を探し続けた。いまの立地、身分だからこそ、いましかできない研究を率先してやろうと思ったのである（もちろん、裏山での研究はすべて私費でまかなった。それ以前に、それらはほぼ金自体を使わないが……）。場所が場所ゆえ、私は大学周辺の裏山で生き物にかかわる様々な小発見をしてきた。そのなかでも強烈な印象を私に与えたのは、あの羽虫だ。

話は遡るが2010年の夏の夕暮れ、私は例のごとく獲物を求めて裏山を徘徊していた。その時、道脇に立つ桜の古木の幹上に、見覚えのない虫を見つけた。全身が黄金色で大きさは1センチメートルほど、縮れた翅を持ち、腹部に透明な殻が付いていた。一目見て、羽化直後の脈翅目（みゃくしもく）昆虫なのはわかったが、種類まではわからなかった。そのまま見ているとたちまち翅が伸び、それは美しい蜉蝣（カゲロウ）に姿を変えた。全身をびっしり覆う微毛、えぐれた翅形（しけい）。幻の昆虫、ケカゲロウ *Isoscelipteron okamotonis* だった。

ケカゲロウはケカゲロウ科 Berothidae 唯一の日本産種で、本州から沖縄まで分布する、稀な昆虫である（塚口、1997：関本、2008）。本種の生態に関しては、成虫が山地で夏期に出現し、夜間灯火に飛来することもあるということ以外にまったくもって不明で（塚口、1997：関本、2008）、幼虫に至っては発見例すら皆無らしい（林、2005）。都道府県によっては希少種とされる。科レベルでも生態はおおむね未知で、生活環（生活サイクル）が解明されている北米産のわずかな近縁種では、幼虫期に朽ち木内のヤマトシロアリ属 *Reticulitermes* の巣内に侵入し、毒ガス（この種のシロアリに特異的に作用する化学物質）でシロアリを麻痺させて食う珍奇な生態が知られる（Tauber & Tauber, 1968）。当然ながら、日本産種に関しては、現存するどの昆虫図鑑にも「灯りにたまに来る」ということ以外、何一つ書かれていない。いや、載っていればまだましなほうで、図鑑によってはそもそもケカゲロウ自体が掲載すらされていない。生態不明の虫なんて日本にいくらでもいるが、何しろシロアリと関係する、しかも毒ガスを使う生態というのが私の心の琴線に触れた。それが、たったいま目の前で羽化している。間違いなく、この古木のどこかから出た奴だ。試しに古木の樹皮を少し剝ぐと、はたしてヤマトシロアリ *R. speratus* の食害が認められた。日本産ケカゲロウがシロアリと関係している直接的証拠はこの時点では得られなかったが、点と点が結ばれた気がした。しかし、その後数日にわたって毎晩この古木を監視するも、この蛉蛎に関する新知見は得られず、やがてシーズンが終わった。それにともない、私もこの蛉蛎のことなど記憶の彼方へ追いやっていた。

時は流れて2012年の夏、私は夕暮れの裏山でクモを観察していた。クモが網を張る様子を見たかったのだが、クモの機嫌がよろしくなかったらしく、なかなか作業をはじめてくれなかった。見ていたこちらが痺れを切らしかけたそのとき、ふと目の前を1センチメートルくらいの羽虫がよぎった。ライトに照らされたその脈翅目は、ゆっくり低空でホバリングし続けた。

羽ばたきは遅く、その特徴的なえぐれた翅形がはっきり目視できた。これは、まさかケカゲロウ？　私はクモを放り出してこれを追った。本能的に、追わねば絶対後悔するとわかっていたからだ。しばらく飛んだ羽虫は、そばの細いヒノキの幹に止まった。そっと近寄って見たその姿は、やっぱりケカゲロウだった。ライトに惹かれて飛来したのかとも思ったが、ライトで照らしている間の蜉蝣は蛾のように方向感覚を失うこともなく、整然と飛び続けていたのが印象的だった。止まった後の蜉蝣は、しばらくすると短い脚で樹幹の表面をよちよち歩いた。その刹那、突然腹部を曲げて硬直し、数秒後にその体勢を解いた［図4-5］。そこには、黄緑色の小さな、とても小さな卵が1個見えた。同じ脈翅目昆虫であるクサカゲロウの仲間は、産卵時に特殊な粘液を出しながら尻を上げ、最後に卵を産み出す。その結果、細い糸の先端に卵がつくという状態になる。この要領で1箇所に複数個産卵する種類が多く、その卵塊は俗に「うどんげ」と呼ばれて親しまれている。ケカゲロウも同じ方法で産卵することを知った。ただ、1個産んだらそのまま沈黙してしまい、しばらく観察するも行動を起こさなくなってしまった。私はこの蜉蝣と卵を家に連れ帰り、蜉蝣にもう少し産卵させられないかを試した。小さなタッパーに産卵用の樹皮、そして餌としてつぶした蚊と砂糖水を入れた状態で飼育したところ、3日後にまた産卵した。ところが、その直後あろうことか蜉蝣はこれをすぐに全部食ってしまった。もう一度産んでほしかったが、願いもむなしく数日後に死んだ。

図4-5 産卵するケカゲロウ
Isoscelipteron okamotonis（長野）.
生きたこの虫の写真が
日本で書物に掲載されるのは,
きわめて異例

図4-6 ケカゲロウの幼虫（長野）.
動きは素早く, 垂直なガラス面も登れる

持ち帰っていた卵のほうは、小さなクスリ瓶内で適度に湿り気を与えつつ管理した。日が経つにつれ、緑だった卵の色が赤く変色してきた。拡大してみると、卵内部にはどぎつい縞模様の幼虫の姿が見えた。その状態の翌日、クスリ瓶のなかをヘビのような微小虫が這い回っているのを見た［図4‐6］。卵が孵ったのだ。体長2ミリメートル程度、幅コンマ数ミリメートル程度の糸クズのようなその虫は、しかし脈翅目の幼虫に特有な鋭いキバを携えていた。あらかじめ、私はヤマトシロアリのコロニーをアイスカップで飼っていたので、さっそくこれに投入してみた。その翌日、カップのなかを覗くとなんと！　幼虫が死んでいた。あろうことか、夏の高温でアイスカップ内に結露が生じ、これで溺れてしまったのだ。私のバカ！

月蜉蝣（つきかげろう）

しかし、野外でのケカゲロウの羽化や産卵、幼虫の孵化といった一連の観察は、あきらかにすべて国内初記録である。これらはまとめて和文として発表した（小松、２０１３ａ）。国際誌も考えたが、この虫のことで国際誌に載せるべきネタは別にある。それに、日本の未知の虫のことはまず日本の虫マニアに知らせるのが筋だし、こうすればもし国内にケカゲロウの学者がいた場合、私に何らかのコンタクトを取りにくるはずだ。私は脈翅目の専門家ではないので、すでにこれを調べている専門家がいるならば、その人に研究を引き渡す必要がある。しかし、その後誰からも連絡がないので、ケカゲロウの生態を専門に研究している人間はこの国にいないようだ。つまり、私がこの虫の生態を調べていいのだ。いや、私が調べねば誰も調べまい。この何百年間この国で誰も調べなかったし、調べられなかったのだから。

なにしろケカゲロウは珍しすぎて凡人には採れない。いる場所に行っても、夜行性であるうえに効率よく採る手段がない。海外の研究者も、そのサンプル収集にはかなり苦労している（Aspöck, 1986）。夜行性ならば灯火採集をしろと言う人もいるだろう。たしかに、ケカゲロウは灯火に来る習性が知られている。しかし、その割に過去の本種の採集記録はあまりにも少なすぎる。インターネットで検索して文献を漁ると、そのわずかな記録のなかにはかなり古い年代のものも交ざってくる（田中、１９７９など）。いくらマイナーな分類群といえど、灯火に普通に来るならばもっと記録として出てきていいはずだ。私が思うに、ケカゲロウは走光性（光に寄ってくる性質）が強くなく、かなり光源が近くにある状況でしか飛来しないのだと思う。あるいは、好む光の波長域が特殊な可能性もあるだろう。現に、ケカゲロウの住む行きつけの裏山には転々と外灯が立ち並び、夜間これがつけば普通のクサカゲロウやヒメカゲロウ、カマキリモドキといった脈翅目の面々は来るのに、ケカゲロウはこの10年間一度も飛来したのを見たことがない。この虫の採集に、灯火は効率が悪すぎるのだ。それより何より、私は貧しいので灯火採集に必要な道具（強力な光源、発電機、白い布など）を買う金が惜しい。じつは、私は広大なる闇夜の森からこの謎めく羽虫を、金をかけずに高率で連れ出せる方法を独自に開発した。それこそが、「一撃必殺見つけ採り」だ。

　夏の日没後、ヘッドライトを装着して山道をのろのろ歩く。手に持つのは、その辺で拾った木の枝と、タモ網の網の部分だけ。そして、手に持った枝で道脇の茂みや枝葉をライトで照らしながら叩いて回る。軽やかにステップを踏み、高い木の枝もジャンプして叩く。すると、枝葉に止まっていた蛾や脈翅目の類が、意外に多く飛び出してくるのである。蛾は素早く飛び去る（もしくは、ライトに照らされた顔面めがけて突っ込んでくる）が、脈翅目はその場でゆっくりホバリングするため、ライトに姿が浮かび上がる。そして、もしそれがケカゲロウであればあの特徴的な翅形により、飛翔中でもたちどころにすぐそれとわかるのである。そうとわかれば、すみやかにターンを決めて振り向きざまにタモ網ですくい採るだけだ。この方法は、正直なところケカゲロウを標的とした採集法としては、けっして効率がよいとは言えなかった。しかし、灯火をたいて来るかどうかわからない相手を待ち続けるより、ずっと命中率は高かった。待つだけでは奇跡は起きないので、みずから打って出てやるのだ。6月から9月までの4ヶ月間、毎晩こうして山中の路上でひとり舞い踊った結果、私は新たに数個体の雌を得ることに成功したのである。

しめしめ、これでふたたび採卵して幼虫を孵化させ、シロアリの巣に導入しなおせる。比較的簡単にこの羽虫の幼虫期を解明できるだろうと、この年度の私はたかをくっていた。しかし、その思い込みに反して、この羽虫との付き合いは翌年までだらだらとずれ込むはめになるのだった。

無知の無

ケカゲロウの雌成虫を飼育するうち、この虫の採卵が思ったほど簡単ではないことがわかってきた。まったく同じ条件下で飼育しても、個体により産卵のペースに相当のばらつきがあり、何が産卵のきっかけとなるのかがわからなかった。そして、このように強制的に産ませた卵の大部分は無精卵で、幼虫が孵らなかった。だから、いくつか卵を得ても実際に飼育できる幼虫の個体数は微々たるものだったのだ。こうしてからくも得たわずかな幼虫たちだったが、その飼育も迫り来る数々の妨害因子のためうまくいかなかった。気温や湿度の管理の難しさにくわえ、やたらこの飼育期間中にお上からの出張命令がねじ込まれ、十分な世話ができない状態が続いたのだ。なかでも、涙を飲んだのはあの出張のときだった。

ケカゲロウの幼虫の飼育を行っていた最中、はるか遠い某大学から講演会の要請を受け、数日出ねばならなくなった。人に世話を頼めるたぐいの生き物ではない（それ以前に、世話を頼めるほど親しい人間が身近にいない）ので、出張先まで虫を連れて行かざるを得なかったのだが、季節は8月、夏の盛りだった。高温下で虫を連れ回すことになり、数匹いた幼虫は1匹を残して全滅した。しかし、その残り1匹はかろうじて出張中どうにか耐えてくれた。その出張から帰った日、家で幼虫を見て愕然とした。昨日まで元気だった幼虫が、背をまるめて横倒しになり、ぐったりしていたのである。まさか死んだか!?　帰りの特急電車がすさまじく混んでいたため、クーラーの効いていないデッキで2時間くらい荷物と一緒に置かねばならなかったのだ。見ると、まるで水でふやけたかのようにブヨブヨした質感になっている。高温で蒸れて死んでしまったに違いない。がっかりして、泣く泣くそれを庭に投げ捨てた（このとき、消沈のあまり標本として残すという発想が出てこなかった）。同時に、この大事な時期にあの辺鄙な場所まで私を呼びつけたお偉方を心の底から恨んだ。じつは、一番恨むべきものはこの私自

図4-7 死んだと勘違いして捨てたケカゲロウの二齢幼虫．ピクリとも動かない

身であることなど、そのときは思いもつかなかった。

その1ヶ月後、北米産種の生態に関する論文をよくよく読み直して、私は目の前が真っ白になった。ケカゲロウの幼虫はきわめて複雑怪奇な変態を経るものらしく、なんと二齢期に絶食するというのだ。この時期はいっさい活動せず、尾端でシロアリの坑道の片隅にぶら下がり、Cの字型に胴体を丸めて過ごすのである［図4-7］。それから脱皮して三齢になると、ふたたび捕食をはじめるらしい（Tauber & Tauber, 1968）。この二齢期の状態に関する記述内容が、まさに私が死んだと勘違いして捨てた幼虫の状態と完全に一致する。せっかくうまく育っていたのに、むざむざそれを捨てるとは！　無知とは、最大の罪であった。

そんな感じで、その年度のシーズンが終わってしまった。悶々とした気分を抱えつつ、私は翌年まで下唇を噛みながら、冷たい冬を堪え忍び続けた。

駒治安大昇鯉（こまっちゃんだいしょうり）

そしてあっという間に2013年の6月となった。今年こそは、いかなる事象や人的圧力だろうと、邪魔だては許さない。私は、本年度中にかならずケカゲロウの幼虫飼育を成功させてやると、心に執念の火を灯していた。ただでさえ身分の安定しない状況下、いつまで長野に住んでいられるかわからない。そして、「長野に住んでいる私」にしか、あの虫の生態は絶対に解明できない。この国で、あの虫の生態の核心に一番近いところにいるのは、私しかいない。全日本国民を代表して、私はあの虫の幼虫期を解明せねばならないのだ。

野外で成虫が発生しはじめるであろう6月末から、私は例の方法で毎晩大学の裏山をさまよった。しかし、なかなか採れなかった。もし採れなかったらどうしようという焦燥感にかられつつも、私はあの羽虫を毎晩探し続けた。その結果、私の思いと執念が、森の秩序をつかさどる女神に通じたのだろう。7月上旬のある日、たった1匹の雌の成虫を捕らえたのだ。私はすぐさま採卵準備にかかった。

この雌は素晴らしい個体で、捕獲の翌日からすさまじい勢いで飼育ケースの壁面に産卵していった。1週間で67個も産みまくり、うち20個が正常に孵った。私は、あらかじめ準備していたシロアリコロニー内に、これらの幼虫を放って観察を開始した。今年は、シロアリの飼育設備も工夫した。平たいプラスチック容器内に、ホームセンターで買ってきたバルサ材を敷き、その上に透明なカバーガラスを載せた。バルサ材とガラスの間には丸めた小さなティッシュペーパーを挟み、わずかな隙間を作ってそこにシロアリを営巣させた。こうすれば観察もしやすくなるだろう。

異変は幼虫導入から2、3日後に、さっそく現れた。バルサ材の裏側に、6、7匹からなるシロアリの死骸の山がいくつもできはじめたのだ。よく見ると、それぞれの死骸の山にはかならず1、2匹の幼虫がおり、死骸の合間を縫いつつときどき死骸に咬み付いて汁を吸っているようだった。間違いなく、この幼虫はシロアリを食っている。しかし、どうやって幼虫はシロアリを倒したのだろうか。ケカゲロウの一齢幼虫は、体長わずか2ミリメートル弱の糸クズみたいな軟弱な生物だ。対して、シロアリはこの幼虫と同等以上の大きさである。この虫の捕食の瞬間を目撃すべく、私は大学の研究室内でケカゲロウの幼虫飼育を行うことにした。本職の実験の合間、憂鬱な書類書き、論文書き、いつ何時も常に傍らに飼育容器を置いて幼虫の挙動を見つめ続けたのだ。その結果、複数個体の幼虫で、シロアリを倒す瞬間を目の当たりにできた。

幼虫は、自分の管理する死骸の山に偶然シロアリが近寄ると、おもむろにそれに近づいた。そして、まるでモリを打ち込むように、素早く咬み付きを繰り出したのだ。シロアリは逃げよ

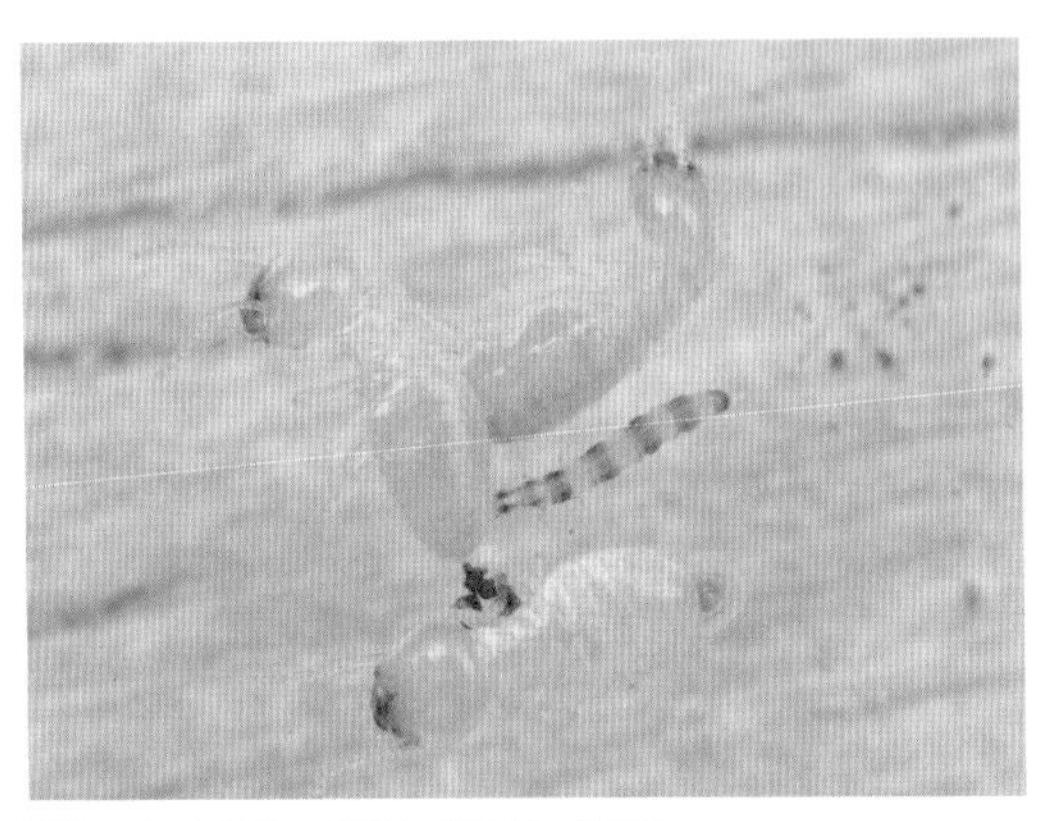

図4-8 シロアリに食い付くケカゲロウの一齢幼虫

うとするが、幼虫は後を追いつつ何度も咬み付いては離れを繰り返した。咬み付く部位はシロアリの頭、脚、胴体など、決まっていなかった。この攻撃はシロアリに対して恐ろしく効果的で、最初の攻撃から30秒も経たずにシロアリは動けなくなった。幼虫は、倒した獲物に食い付いて後ずさりに引きずり、死骸の山の一部にこれを加えたのだった［図4-8］。北米産種で知られる、毒ガスを使うそぶり（腹部をシロアリの顔に突きつけるなど）は、どの個体でも確認できなかった。私は、内心それが気に入らなかった。毒ガスで獲物を倒すという、海外で知られていた珍奇な捕食生物の行動が、日本でも見られるかも知れないという期待のもと、私はこの虫の飼育を試みたのである。私をこの虫の研究に駆り立てた原動力を根底から突き崩された気がして、やや興ざめになったのだが、やがてそれを補って余りある状況へと、運命の歯車が動き出す。

みるみる変わるその姿

日本のケカゲロウの幼虫はあきらかに毒ガスを使っていない様子だったが、代わりに倒したシロアリの死骸の山を、自身で出したらしい絹糸で荒く縛っているのが確認できた。いずれの幼虫も死骸の山を糸で縛っており、ピンセットで1匹の死骸をつまみ上げると、芋づる式に全部の死骸が付いてきた。死骸そのものだけではなく、その周囲にも糸を張り巡らしており、生きたシロアリが近づくとかならずこれに脚を搦め捕られた。そして、もがいているところに幼虫がやってきて、攻撃を仕掛けるさまを何度となく見た。糸はおそらく倒した獲物を固定すると同時に、近寄ってきた新たな獲物を捕らえやすくする罠の役割も持っているように思えた。

3、4日間の一齢期を終えると、幼虫は脱皮して二齢期を迎えた。これは、前年度に私が死んだと間違えて捨てた状態であるが、今度は捨てなかった。日本産種も北米産種と同様、二齢期は間違いなく絶食するのだった。いずれの個体も自分の管理していた死骸の山から離れ、シロアリがあまりやってこないバルサ材と容器の間の狭い隙間に入って二齢幼虫となった。この状態が4、5日続いた後、また脱皮して三齢期を迎えた。

三齢期の状況にはめざましいものがあった。一齢期のようにシロアリの捕食を再開するのだが、一度に倒すシロアリの数が半端ではなかった。たった1日で1匹の幼虫が40匹近くも倒したのだ。死骸の山はみるみる増えていき、途中でシロアリをよそから継ぎ足さねばならないほ

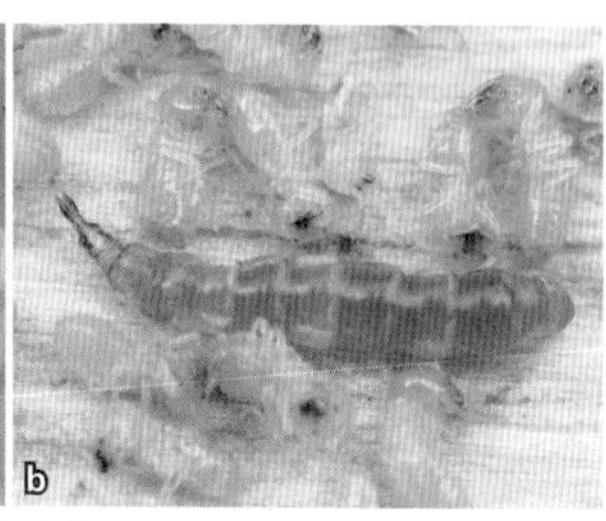

図4-9 たった一晩で倍の体サイズに変貌したケカゲロウの三齢幼虫. a：三齢期の初日. b：三齢期の2日目

どだった。しかも、驚くのはそれだけではなかった。三齢期1日目の幼虫は、いずれも長さ6ミリメートル、幅1ミリメートル程度だった。ところが、たった一晩おいたその翌朝、研究室を訪れた私が見たものは信じがたい生物だった。体の長さと幅が、前日のほぼ倍の姿になっていたのだ！　一晩の間に、ものすごい数のシロアリを暴食したのである［図4-9］。前日にもましてすさまじい数のシロアリの死骸が、周辺に累々と横たわっていた。

三齢期の3日目には、もう繭を紡ぎはじめた。そしてその2日後くらいに、繭のなかで蛹化（ようか）しているのが確認できた。なんという成長の速さだろう。下手をすると、孵化してから蛹化まで2週間もかかっていない。この虫の幼虫が野外で見つかっていない理由が、何となくわかった気がした。そもそもの個体数の少なさにくわえ、幼虫の姿でいる時間があまりにも短すぎるせいで見つけられないのだ。今後も日本の野山でこの虫の幼虫が見つかることは、当分はないと思った。蛹はそのまま眠り続け、20日後にとうとう成虫が羽化した。日本ではじめて、人の管理下でケカゲロウが羽化した瞬間である。同時に、これにより日本産のケカゲロウは、旧世界*ではじめて人工飼育下で卵から成虫まで育ったケカゲロウ科の種となったのである（Komatsu, 2014）。夜の10時も過ぎたころ、飼育ケースのなかで黄金色の翅をゆっくりと伸ばすその妖精の姿を見たとき、私はこれまでのすべての苦労と努力が報われ、感極まって涙が出そうになった。

ところで、私はたいへんな苦労の末に日本産ケカゲロウの幼虫期を解明したわけだが、その学術的な意義とは何だろうか。正直なところ、意義らしい意義は何もないと、自分ですら思う。別に害にも益にもならない、ただの虫の話だ。しかも、すでに海外の似た種でわかっていることを日本産種でなぞっただけの二番煎じである。こういう「銅鉄研究（銅でこうだったことを、今度は鉄で試したというだけの研究）」は、研究者の間では無能のなせる恥ずべき行為として、すこぶるバカにされるのが普通である。しかし、それが何だというのだ。私は、純粋にこの虫の生態を知りたかった。わからなかったし誰も知らなかったから、わかる状態にしたまでのことだ。「わからないことをわかりたい」、それこそが科学の本質だ。頭のなかでこれはこうだろうと思い描くだけで結局何もしないのと、実際にそれを見て確かめることとは、まったく別次元の話である。このことは、科学を志す者として常に頭に入れておかねばならないことだと思う。そんな当たり前のことを再認識できたことが、私にとってこの虫の研究をやった一番の

「意義」かもしれない。

異世界・魔界は家の裏

長野県の松本地方には、「朝日さし、夕日輝くみつばうつぎの木の下に、金が埋まっている」という伝説が残っている。大学の研究室に置いてある、私以外誰も手を触れた形跡のない『ガイドブック信州の昆虫』(松本むしの会、1982)を読んでいてはじめて知った。伝説について、その本には「ミツバウツギは全国に分布する普通種だから、この言い伝えがどの場所を指しているのかは判らない」と続いていた。しかし、その裏を返せば、「金は全国どこにでも埋まっている」という意味にもなるだろう。

近年、日本で新種のアリが発見された(Yashiro *et al.*, 2010)。普通種オオハリアリ *Pachycondyla chinensis* とされていたもののなかに、遺伝子の内容が異なるうえに形態も微妙に異なる別種が交ざっていたそうだ。それも、見つかったのが市街地の裏山らしい。日常的に身近な虫の「見るべきところ」を見ていた人ゆえの発見だろう。しかし、新種とまで行かずとも、その筋の専門家をあっと驚かすような発見ならば、じつは潜在的に誰にでもできる。高額な電子顕微鏡も、

＊アジア、アフリカ、ヨーロッパ。

遺伝子解析の機械もいらない。その発見が望める場所こそ、裏山だ（ここで言う裏山とは山に限らず、大ざっぱに人間の居住する周囲の自然環境と思ってほしい）。もちろん、ただほっつき歩いても何も見つからない。ポイントは、「誰も行かない時期、だれも見ない場所」である。

アラカワアリヤドリバチ *Eurypterna cremieri* は、雑木林に住むクサアリ亜属のアリの幼虫を攻撃する寄生蜂だ。体長1・5センチメートル弱、派手な体色で目立つ虫だが、国内では長らく北海道でしか見つかっていなかった。数年前、ハチの専門家と話す機会があった際に、「北海道にいるなら本州の山地にもいるはずだから探してみろ」と言われた。そう言われても、10年近くも通い続けた長野の近所の森で、そんなハチを見た覚えはなかった。いるわけないだろうと内心思いつつ、だまされたと思って試しに探してみたら、これがなんとたくさんいたのだ。時期は10月末だった。クサアリ亜属と関わる多くの好蟻性昆虫は春から初夏にしか採れず、晩秋にアリの巣を見ようなどとは思わなかったため、これまで存在に気づけなかったのだ。

さらに、このハチの生態を詳しく調査した結果、意外な事実が判明した。これまで、アラカワアリヤドリバチの寄主アリはクロクサアリ *Lasius fuji*（当時は *L. fuliginosus* として記録）とされてきたのだが、じつは本種はクサアリ亜属のなかでも、あまりほかの好蟻性昆虫がつかないフシボソクサアリ *L. nipponensis* の巣周辺でしか採れない種だったのだ。クサアリ亜属のアリは何種かいるのだが、これらは種間で外見が非常に似通っており、ようやく最近になって分類や同定がきちんとできる基盤が整ったほどである。そのため、古い時代の文献に出ていた本種の寄主アリ情報は、ほとんど間違っている可能性が出てきたのだ。フシボソクサアリは、夏期に本巣の周囲に点在するサテライト巣で幼虫を育て、秋の越冬直前にそれをくわえて行列を組み、本巣へ戻す習性があるらしい。この、幼虫を本巣へと戻す最中のアリの行列を襲い、アリがくわえて運ぶ幼虫に寄生するため、このハチはこんなへんな時期にだけ出現していたのだ(Komatsu & Konishi, 2010)。

こんな発見もした。かなり前の話だが、山梨のとある河川敷で、当時同じ研究室に所属していた同期の友人、島本晋也氏と石を裏返してアリヅカコオロギを探した。そのとき、彼が普通種のアリ、トビイロシワアリの巣に見慣れないアリが交じっているのを見つけた。それは、国内で2例、海外を含めても4例(日本蟻類研究会、1992)しか発見例のない究極の珍種、イバリアリ *Strongylognathus koreanus*［図4-10］だったのだ。その後、私が単独で数回調べに行った結果、広大な河川敷のなかで飛び地的に、非常に少ないながらも数コロニー生息していることを突き止めた(Komatsu & Shimamoto, 2009)。イバリアリ属はユーラシア大陸に広く分布する社会寄生性*のアリで、これに属する全種がシワアリ属のコロニーに依存する。シワアリ属の女王を

＊社会性昆虫を利用し、その労働力を搾取する寄生様式。

図4-10 イバリアリ *Strongylognathus koreanus*（山梨）. 現在, 確実な分布が確認されているのは, 世界でも日本のとある市内だけ. 河川改修の影響で, 当初見つかったコロニーのうちいくつかはダメにされた

殺して巣を乗っ取り、定期的に近隣へ奴隷狩りに行く種もいれば、女王を殺さずに共存する種もいるらしい（日本蟻類研究会、1992）。イバリアリ属は全種が世界的な希少種だが、我々がそれを見つけた河川敷は、周囲に民家や店が並び、脇に大きな県道まで通っている立地である。近隣住民たちは、そんな貴重な生物がよもや自分らの足の裏にいるとも知らずにいままで生きていたわけだ。まさに、我々の身の回りの至るところが金の鉱脈である。

こんな感じで身近な裏山をホームグラウンドにして、私はこれまで生態や分布状況がよくわかっていなかった生き物たちの真実の姿を、いくつもかいま見ることに成功した。それが高じるあまり、ポスドクになった時期の前後を中心に、私は生態どころか存在自体が国内で知られていなかった生き物たちまで、立て続けに裏山で見つけ出すこととなった。そのうちの一つは先述のアリ寄生性ノミバエ類だが、それだけではなかった。家の裏手のアリの行列を見れば見るほど、見たこともないへんな虫がどんどん向こうから姿を現して、もう笑いが止まらないのであった。

黒の行列に潜む影

雑木林のクサアリ類の行列は、見ていて飽きない。地表の行列を見れば、思い出したようにハネカクシやアリヅカムシなどの甲虫、そしてアリヅカコオロギが行列を横切る。樹幹へ伸びる行列を見れば、アブラムシを取り巻いて甘露を受け取るアリを観察できる。とくに、樹幹に取り付く大型のクチナガオオアブラムシ *Stomaphis* spp. は観察しやすい。アリがアブラムシの体をシステマティックに叩くと、アブラムシが尻から透明な液体をプウッと出し、それを吸い込む。そんな彼らの様子を、何も考えずにぼうっと見つめるのが、私は好きである。

学部4年次の夏、大学脇の雑木林でクチナガオオアブラムシと、それを取り巻くクサアリを見つめていた。そのとき、私はふとアブラムシを取り巻くアリの足下をちょろちょろ動く、ものすごく小さい生き物がいることに気づいた。見たところ、それはハチの一種であることがわかった。不思議なことに、アリはそのハチの存在をまったく気にしなかった。やがて、ハチはアブラムシの上歩き回った末にアブラムシの背中によじ登った。目をこらして見ると、ハチはアブラムシの上で脚を踏ん張り、腹を下側に曲げているように見えた。すると、それまで身動き一つしなかったアブラムシが、突然体を左右にゆすって暴れはじめたのだ。あきらかに、ハチがアブラムシを刺しており、アブラムシがそれを嫌がっているのが見て取れた。1分程度その状態を保った後、ハチはアブラムシの背から降りて、近くの別個体のアブラムシに対し同じ行為を繰り返した。アリはすぐ目と鼻の先で大事な家畜が蹂躙(じゅうりん)されているにもかかわらず、なぜかまったくこのハチを追い払わないのである。もしかしたら、アリに存在を気づかれないように何らかの匂いを体にまとっている（あるいはまったくまとわない）のかもしれない。別の日に観察したときには、このハチがアリの隙をついてアブラムシの甘露を横から盗む行動も観察できた。

しかし、当時の私にはこのハチの正体がまったくわからなかった。そこで私はこのハチを採集し、当時出入りしはじめていた研究室にあった海外のハチ類同定資料（Goulet & Huber, 1993）を使い、せめて科レベルまではこいつが何者なのかを調べようとした。ハチの分類に関する知識のまったくない私が、辞書を引き引きさんざん苦労して導き出した結果は、ハラビロクロバチ科 Platygastridae だった。しかし、ハラビロクロバチ科のハチは原則として植物に寄生するタマバエ類の寄生蜂らしく、いかなる文献を読んでもアブラムシに寄生するという情報は見つからなかった。本当にこれはハラビロクロバチ科なのか？　心にわだかまりを残しつつ、これ以上はこのハチのことを考えずに後の日々を過ごそうと決めた。どうせ悩んでもわからないものはわからないのだから。

ところが、2012年になって転機が訪れた。後述のように、日本産の好蟻性生物図鑑を作る関係で、あのハチを図鑑にくわえる必要性が出てきたのだ。そのためには種がわからねばしょうがないということで、私はこの謎のハチの標本をクロバチ上科分類の権威である、山岸健三先生（当時は名城大学農学部昆虫学研究室）に見ていただく機会を得た。その結果は驚くべきものだった。右も左もわからない私が素人目に同定したその通りに、このハチはハラビロクロバチ科だったのだ。しかも、このハチがアブラムシに寄生していたことを伝えると、山岸先生はひどく驚かれていた。ハラビロクロバチ科は世界中から相当種数が知られる巨大な分類群なのだが、これまでアブラムシに寄生する生態を持つ種は一種たりとも確認されていないという。もちろん、新種である可能性が高いそうで、いずれ正式に記載されることになるだろう。

このハチの生態には、不明瞭な点がある。本種はあきらかにクチナガオオアブラムシの体内に産卵するのだが、このハチ以外にもクチナガオオアブラムシに寄生する、オオアリマキヤドリバチ *Protaphidius nawaii* というハチがいるのだ。このハチは、確実にアブラムシそのものの体内を食って成長する。しかし、ハラビロクロバチのほうに関しては、まったく食性がわからない。アブラムシそのものの体内を食べるのか、アブラムシ体内にいるオオアリマキヤドリバ

図4-11 キジラミタマバチ科 *Charipidae* らしいタマバチの一種(長野). フシボソクサアリの守るクヌギクチナガオオアブラムシに馬乗りとなり, 産卵管を刺す. 平気でアリの群れに割り込むが, アリからは存在を認知されない. おそらくオオアリマキヤドリバチの二次寄生者で, クサアリの行列を認識し, たどる能力を持つ(小松, 準備中)

チを食べるのか定かではない。化学擬態*の有無を含めて、今後の研究課題になると思う(このハチに関しては、小松、2013bを参照されたい)。

なお、私はこのハラビロクロバチと同じことをしているらしい、まったく別な分類群のハチもクサアリの行列から見出している[図4-11]。裏山は、まだ我々の知り得ないものを隠し続けているのだ。

真・黒の行列に潜む影

2010年の6月上旬、私は夜行性の好蟻性昆虫を観察すべく、日没後に蚊の多い裏山の雑木林に出向いた。この林のなかには、昔からフシボソクサアリが巣くうケヤキの大木が1本立っている。目的の場所へ向かう途中、私は何となくこのケヤキの前で立ち止まり、アリの様子を観察した。幹にはオオワラジカイガラムシ *Drosicha corpulenta* が何匹も取り付いており、アリたちは行列を組んで幹に這い登ってはカイガラムシから甘露を受け取っていた。そのとき、私は例によっておかしなものを発見してしまったのである。そこにいたほとんどのカイガラムシには、アリの群れがたかっていた。しかし、ある1匹のカイガラムシのもとには、アリとは似ても似つかないものが訪れていたのだ。それも、アリの群れを押しのけて。

それは、不気味な色合いの毛虫だった。何かの蛾の幼虫らしい毛虫が、カイガラムシの尻に取り付いて何かをしているのだ。周囲にはアリが群がっていたのだが、みな遠慮しているかのように毛虫の脇で途方に暮れていた。私は、この毛虫をよく観察してみることにした。毛虫は、ヘビが鎌首をもたげるように上半身を反らし、頭でカイガラムシの尻をちょんちょんとつつき続けていた。そのさまは、アリがカイガラムシに甘露をせがむときに触角でさかんにカイガラムシの尻を叩くのに似ていた。やがて、それに促されるようにカイガラムシが甘露の滴を尻から膨らませた。その甘露が出てくるやいなや、なんと毛虫はそれをすうっと吸い込んだではないか［図4-12］。私は、いま目の前で起きたことが理解できず、もう一度目をこらして毛虫を見つめた。すると、やはりカイガラムシが甘露を出し、それを毛虫が吸い取っているのだ。偶

*におい成分などの化学物質を利用し、他の生物に擬態すること。

図4-12 フタホシキコケガ *Nudina artaxidia* の幼虫(長野). フシボソクサアリの守るオオワラジカイガラムシに近寄り, 甘露を盗む(Komatsu & Itino, 2014)

然ではない。間違いなく意図的に、毛虫がカイガラムシに甘露をせがんでいる。日本に分布する好蟻性の蝶、ムモンアカシジミ *Shirozua jonasi* や、海外に生息する一部のシジミチョウ類は、幼虫期に肉食性を示し、アリが樹上で守るアブラムシやカイガラムシをこっそり食べることが知られている。そして、それらは若齢期を中心に、アブラムシなどの尻を頭でつついて甘露を出させ、吸う行動もよく観察される(山口、1988;工藤、2013)。しかし、日本の蛾でそんなことをするものがいるなんて、聞いたことがない。そのまま10分ほど見続けていたが、毛虫はその間ずっとカイガラムシに甘露をせがみ続けていたのだった。

じつを言うと、私はこの毛虫の存在をずっと前、学部生時代から知っていた。松本市内にある複数のクサアリ類の巣口や行列で、少なからぬ数のこの毛虫を見つけていたのだ。しばしばクサアリの行列をぴったりたどって歩く行動をみせること、それにもかかわらずアリからは攻撃される様子がないこと、さらにクサアリの息がかかった環境以外では全然見かけないことから、能動的にクサアリと関わる生物であるのは疑いようもなかった。しかし、アリの行列でいったい何をしているのか、ずっとわからないままだったのだ。そんな長年の疑問が、ふとしたきっかけで突然氷解する運びとなった。人生における積年の謎とは、あるときそうやってふいに解けてしまうものである。その後、近所の別のクサアリの巣で、あの毛虫が樹幹に伸びたアリの行列脇の樹皮をかじるのも何度か見かけた［図4－13］。

蛾にくわしい専門家にうかがったところ、この毛虫はヒトリガ科 Arctiidae のコケガ亜科 Lithosiinae であるのは間違いないが、成虫にならないと種まではわからないとのことだった。コケガ亜科の蛾は、基本的には樹幹などに生える地衣類を食べているグループなので、あの毛虫が樹皮をかじっていたのは納得がいく。しかし、アリが守るカイガラムシの甘露まで吸うとは驚きだ。しかも、アリの行列をたどれるうえに、アリからは攻撃されないのだ。私はこの毛虫の飼育を行い、試行錯誤の末になんとか蛹から成虫へと育て上げた。ある日の朝、飼育ケース内の蛹の抜け殻のそばにたたずんでいた蛾は、フタホシキコケガ *Nudina artaxidia* という種だった。図鑑で調べると、あまり多くない種のうえ食餌は未知だという（岸田、２０１１）。少なくとも、本種はヒトリガ科としては旧世界ではじめて好蟻性であることが示された種となる。

図4-13 フシボソクサアリの行列脇で樹皮をかじるフタホシキコケガの幼虫

図4-14 ヤガ科らしい謎の芋虫．茶色いビロード状の毛で覆われ，背中に1本の赤いすじがある．クロクサアリ *L. fuji* の行列で，アリとともに虫の死骸をかじる．クサアリが巣内に作るカートン状の巣材に食い込んで蛹化しているのを見たこともある（小松，準備中）

同時に、全世界ではじめてヒトリガ科内で、同翅亜目昆虫の出す甘露を餌として摂取することが示された種にもなった（Komatsu & Itino, 2014）。クサアリの巣には、このほかにもヤガ科の一種と思われる正体不明の大きな芋虫［図4-14］が偶然でない頻度で見られ、アリの巣の周辺でアリと一緒に虫の死骸を食べる様子を確認している（小松、準備中）。

以上のように、「アリの巣とその行列」という、自然界のなかでもほぼ1点に過ぎないような狭い環境を徹底的に見るだけで、私は妙ちきりんな未知の好蟻性動物・UMA（Unidentified Mrmecophilous Animal）を数多く見つけ出した。昆虫採集のメッカなどと古くから言われ、多くの虫マニアにさんざん調べつくされた雰囲気のある長野でさえ、このていたらく。先述のケカゲロウ、アリ寄生性ノミバエ類の件も含め、いかにこれまでの虫マニアが、揃いも揃って同じような時期に同じような場所の同じようなものしか見てこなかったかを、如実に物語っている。これらはすべて深山幽谷の話ではなく、耳を澄まさずとも人々の談笑が聞こえる民家の裏の雑木林でなした発見だ。

ネットスラングに「ツンデレ」(ツンツンした人がデレデレする)という言葉がある。私は「出会ったばかりのころは冷たい態度だった人物が、その後交流を深めるにつれて態度を軟化させ、最終的にほかの者たちには見せないような親愛的な振る舞いを、こちらにだけは示すようになる」意味と解釈している(あくまでこういうのは、アニメやゲームの美少女がやるから可愛いし許せるのだ)。裏山は、ツンデレ美少女と同じだ。見るべき箇所を見つつ、何度もじっくり通い続けた者にしか、その隠された本性をなかなか垣間見せない。だからこそ、私は飽きもせず見慣れた裏山の景色を見に、これまで通ったしこれからも通うのだ。「黙して語らない自然」(宮崎、2010)とやらに、いつしか饒舌に語らせるために。

コラム●辛抱心棒ケチん坊

好蟻性生物を採集するコツはアリの巣を探すことであり、そのアリの巣の基本的な探し方は石を裏返すことだと述べてきた。だが、この方法では当然ながら、たまたまその石裏に営巣していたアリ種しか調べられない。営巣密度の低い、ある決まったアリ種の巣だけをピンポイントで探そうと思ったら、地べたを歩き回っているそのアリ種の働きアリを見つけ、餌を渡してやるのがいい。餌を得た働きアリは、それをくわえたまま脇目もふらずに巣へ持ち帰ろうとする。これをひたすら追いかけていけば、いずれそのアリの巣まで導いてもらえる。

日本で一般的に見かけるアリ種のほとんどは、肉食に偏った雑食だ。だから私は、これから跡を付ける標的と定めたアリには、通常は虫の死骸を渡す。夏に外でアリを観察していると、たいてい蚊が寄ってくるので、これを叩きつぶしてアリに「みやげ」として渡すことが多い（蚊は生き物としては好きだが、刺されるのはごめんだ）。しかし、状況によっては周囲に蚊がいないこともある。蚊などの吸血昆虫ならば、アリの餌として殺すのもあまり抵抗がないが、吸血昆虫がいないときに周囲の無関係な

図4-15 a：手垢を運ぶヤマトアシナガアリ *Aphaenogaster japonica*. b：それを追った先の巣内にいたホソヒゲカタアリヅカムシ *Tmesiphorus* sp.（長野）. 数少ない好蟻性昆虫で，たくさん採るにはピンポイントでこのアリ種の巣だけをいくつも暴かねばならない

虫を殺してアリに食わせるのは、やや良心が痛む。研究者によっては粉チーズなどの食品を買ってきて餌に使うようだが（山根、2010）、貧乏学生としてはハシタ金すら一銭たりともかけたくはない。そんなときに私が使うのは、私の肉体そのものである。手頃なアリを見つけたら、おもむろに自分の手をこすり、手垢を浮き上がらせる。手垢をかき集め、指でねじって棒状にしたら、その辺に落ちているわらくずの先端に刺す。これをアリに差し出すと、じつに喜んで受け取り、巣に持って帰るのである［図4-15］。無駄な殺生もせず、余計な出費もない、リーズナブルな方法だ。

どこからも金の下りない個人的な研究活動では、とにかく金を使わずにすますのは基本中の基本だ。例えば、夏に家の軒先に細い竹筒を束ねたものを吊すと、ドロバチやハキリバチなどの多種多様な単独

図4-16 タケニグサ *Macleaya cordata*（長野）. 傷つけると黄色い毒液が出る. 一般人にとっては役立たずの邪魔な草だが, 小松を助けてくれるハーブだ

性ハチ類がやってきて、内部に巣を作る。あるいは、それらハチの巣を乗っ取ろうといろんな寄生性のハチ、ハエ、甲虫も出現し、面白い行動生態を見せてくれる。しばしば自由研究の題材にもされる格好の観察対象なのだが、それを観察するにはまず竹筒をどこかから調達せねばならない。竹林のそばに住む竹取の翁でもなければ、その辺のホームセンターで買ってくることになるのだろうが、私はわざわざ金を払って竹筒なんか買わない。簡単にタダでたくさん手に入り、竹筒よりも使い勝手のよい代用品があるのだ。

それは少し郊外の道路沿いにいくらでも生えている雑草、タケニグサ *Macleaya cordata* である（奥本、1991も参照のこと）。高さ2メートル弱、茎の太さ3センチメートル程度まで育つ草で、日当たりのよい場所にしばしば群生する［図4-16］。これの茎は竹筒のように中空なので、根元から茎を切り、葉を落として天日で干す。その後、数本を束ねて軒先に吊しておけば、竹筒と同じようにハチがすぐ巣として使ってくれるのだ。とにかく雑草だから、いくらでも生えているし、いくら刈り取っても誰にも文句を言われない。軽いので持ち運びも苦ではない。そしてけっこう丈夫で耐久性に優れており、それにもかかわらず柔らかいので、後で茎を割って内部を観察するのも楽である。実際、クララギングチ*Ectemnius*（*Hypocrabro*）*rubicola*など、自然状態でタケニグサの茎に営巣するハチも存在するため、タケニグサの茎を使ってハチに巣を作らせるのは、じつに理にかなっている。タケニグサは雑草であるとともに毒草なので食用にもならず、少なくともいまの日本では商業的価値がまったくない。でも、私にとって道端に茂るタケニグサの群落は、貴重な研究資材を無償で提供してくれるホームセンターだ。

フィールドで何か目的を達成しようと思ったとき、自然界にあるものの力を借りれば、市販品を買って使うのと同等以上の成果が得られることは多い。裏山という実験室にくわえて、意地汚いケチ心をともなう「発想の転換」さえあれば、誰でも金をかけずに、家からいくらも歩かない距離で貴重な学術的知見を得られるのだ。ときどき、よその人間から「君はいいね、家の周りにいろんな生き物がいて」と言われることがある。たしかに、いま私が住む長野が自然環境に恵まれた好適地であるのは間違いない。でも、私が思うに、それは場所の問題ではない。東京にいようが三河にいようが、私はどこでも持ち前のケチ臭さと観察眼で、この長野に住んでなしたのと同等の発見をし続けたのは間違いないのだ。

コラム●目指せ未来の好蟻性昆虫

日本にいる昆虫のなかには、我々の身近な場所で見られるにもかかわらず、幼虫期の生態が知られていない種類が多い。それらのうち、かなりのものに関して私は好(白)蟻性を疑っている。いくつか紹介したい。

ミドリバエ *Isomyia prasina*［図4-17］は、全身が目の覚めるほどに美しい色のハエの一種だ。数は多くないが、国内での分布は広い（篠永、1970）。成虫はしばしば花に訪れるのが見られる。ところがこのハエ、幼虫がどこで何を食べて育つのかが判

図4-17 ミドリバエ *Isomyia prasina*（長野）. 産卵中

明していない。海外の近縁種では、幼虫がシロアリの巣内で発見されている（倉橋、1997）。幼虫期は強い捕食性を示すグループのようで、たぶんシロアリを食べて成長するのだろうとも噂されている。北海道にはこのハエは分布しないが（篠永、1970）、それは同地内でシロアリの生息基盤が貧弱なことと関係があるかもしれない。私自身、かつて裏山の薄暗い林内にあるシロアリがいそうな朽ち木を壊したときに、このハエが飛来して産卵するのを見ている（小松、2009b）。いずれ人工的に雌から採卵し、シロアリ・コロニー内に孵化直後の幼虫を放って飼育観察したいと思っているが、なかなかハエそのものが採れないので実現していない。同様に、近縁のツマグロキンバエ属 *Stomorhina* もこちら怪しい（Ishijima, 1967：村山、2007）。

図4-18 ヒゲナガハナアブの一種 *Chrysotoxum* sp.（長野）

はミドリバエに比べて見かける成虫の個体数ははるかに多いが、やっぱり幼虫は日本ではどこからも見つかっていない、すこぶる謎の虫だ。見つからないのは数が少ないからではなく、身近ながらも我々の目から巧みに隠された、資源の多い特殊な環境にいるからに違いない。その一番の候補地が、アリやシロアリの巣というわけだ。

ヒゲナガハナアブ属 *Chrysotoxum*［図4-18］は、長い触角が自慢のハナアブの一群で、日本には数種いる。ただでさえハチそっくりな風貌のハナアブ類のなかにあって、ヒゲナガハナアブ属はことさら見た目がハチに似ており、しばしば書籍で擬態の好例として挙げられる（海野、2007など）。しかしこの仲間も、じつはほとんどの種で幼虫が野外で見つかっていない。海外では、アリの巣の近くで雌が産卵していたとか、アリの巣で蛹が見つかったという記録（Speight, 1976; Rotheray & Gilbert, 1989）があり、日本でも同様の記録がわずかにある（春沢・佐野、2012）。しかし、特定のアリ種とどれ程密接な関係があるのか、何を食べているのかなど、わからないことばかりだ。

仕事柄、私は各地で見つけたいろんな分類群の好蟻性生物を、その分類群を調べている専門家のところに持っていき、その種を調べてもらうことが多い。その際、それがアリやシロアリの巣から大量に得られたものだという話をすると、たいていその専門家からひどく驚かれる。多くの専門家たちにとってそれらのサンプルは、通常の調査では容易には得られない珍種と思われていたケースがほとんどだからだ。アリやシロアリ、好蟻性生物の研究者でなければ、わざわざアリやシロアリの巣のなかを調べようなんて思うはずがない。世のなかの昆虫学者の皆様、あなた方が欲しているサンプルは、もしかしたらそこいらのアリやシロアリが隠しているかもしれませんよ。

日本で絶対見つかりそうなのに、誰も見つけていない好蟻性生物というのもいる。虫ではないが、ラブルベニア（ラブルベニア目 Laboulbeniales）という菌類もその一つだ。生きた昆虫の体表に寄生する菌で、おもに甲虫やハエなどでよく見られるほか［図4–19］、海外ではアリにつくものも知られる（Espadaler & Santamaria, 2003：久保

図4-19 交尾するフンコバエの一種 *Sphaeroceridae* sp.（長野）．雌の後頭部から，ラブルベニアが生える．ハエの体長は2mm

田、2008など）。しかし、アリ寄生性のものは珍種で、少なくともいままで日本のアリにこの菌が生えているのを見た者はいない（久保田、2008）。在野ながら、日本ではアリおよび好蟻性生物研究の権威として名高い久保田政雄さん（神奈川）から、かつてニューギニアでそれを見たとのお話を伺っている。以前、年に1度開かれるアリにまつわる研究者の集まり「日本蟻類研究会」の大会でお会いしたとき、久保田さんから直々に「おれはもう若くないから、代わりにあんたがどうにかして日本で見つけてくれ」と頼まれてしまった。日本ではゴミムシなどからはそこそこ見つかっているから（Sugiura *et al.*, 2010）、理論上はアリからも普通に見つかりそうにも思える。しかし、ご高齢でおられるアリ学の権威が、これまで各地のアリの巣をさんざん調べて見つけられなかったほどのものだ。すぐには解決できない宿題になりそうだが、いずれかならず見つけ出す所存である。

月下円舞曲

いつもは大学の裏山を根城にする私も、ときには珍種を狙って普段は行かないところまで足を延ばす。長野県の北部には広大なブナの原生林［図4-20］が残っており、いまなお珍しい虫たちを隠し続けている。ある日ふと思い立ち、私はその広大なる秘境へと単身乗り込んだ。この森に生息するかもしれない珍種のアリを探してみたいと、ずっと前から思っていたからだ。

ミヤマアメイロケアリ *Lasius hikosanus*［図4-21］は、公式には青森、岐阜、福岡の3県でわずかな個体が見つかっているだけ（日本蟻類研究会、1991）という、日本産アリ類のなかでも指折りの珍種である。最近の記録は全国的にほぼ皆無で、環境省の絶滅危惧種にも指定されている（環境省、2012）。これまでこのアリが見つかった環境は、いずれもブナが生える原生林、もしくはそれに準ずる良好な森林らしい。隣県で得られているのだから、当然長野県内にもいるはずだ。そして、長野県内で一番良好な状態でブナの原生林が残っている場所といったら、

図4-20 北部のブナ林（長野）

ここ以外に思いつく場所がない。そこまでの確信と勝算があったうえで、探索に行ったのである。

松本から原付バイクをノンストップで走らせて2時間、目的地へと近づくにつれて、道路沿いの木々が無機質な杉の植林からミズナラやブナの自然植生へと変化していった。その辺りで、私は原付を降りて道路脇の森へと分け入った。薄暗く急峻な森の斜面を降りていくと、ところどころで石が深く地面にめり込んでいた。イラクサだらけの林床で幾度も手を刺し、足を滑らせて奈落の谷底へ幾度も落ちかけながらも、私は地面の石を次々に裏返してアリの存在を確かめていった。そうやって何十個の石を裏返し続けただろうか。一抱えほどもある特大の石を裏返したとき、ついに私はその裏側に、見慣れない色彩のアリが数匹駆けめぐるのを認めた。いっけん、平地の雑木林で見かける普通のアメイロケアリ *Lasius umbratus* に見えたが、それにし

図4-21 ミヤマアメイロケアリ *Lasius hikosanus*（長野）．生きた姿が書物に載るのは，地球史上初の生物

ては体色が不自然ににごって見えた。そして、拡大してよくよく見ると、普通のアメイロケアリならばスパッと切り落としたように平らなはずの胸部の後方が、カーブを描いて特徴的な「猫背」に見えた。間違いない、幻のミヤマアメイロケアリだ！　長野県ではじめて、ミヤマアメイロケアリが発見された瞬間であった（小松、２０１４）。気をよくした私は、さらにブナ林の広範囲で丸１日探索を行い、その結果少なくとも近接する３地点で本種の生息を確認することができたのだった。

気がつけば辺りはすっかり暗くなり、もう夜のとばりが降りるころだった。山奥に長居するのは危険だし、また原付で２時間かけて家まで帰らねばならないため、私は急いで山を下ることにした。下りの山道は街灯がたまにしかなく、ほぼ漆黒の道路を走ることになった。そうして闇夜を流していたとき、私は不思議なものに遭遇したのだった。

真っ暗な道路を走っていると、数百メートル先に街灯がぽつんと1本立っており、そこの路上だけが白く照らされているのが見えた。そしてその照らされた路上に、2人組の何者かが立っていた。その時点ではかなり距離があったので、私はその2人組を遠目に見て、野良仕事から帰る途中の老人らが路上で談笑しているのだと思った。しかし、距離がだんだん近づくにしたがい、私はその2人組が人間でないことに気づき、はたと当惑した。その2人には、しっぽが生えていた。片方はほっそりしていたが、もう片方は丸っこい体型で、毛羽立った雰囲気だった。それらは、まるで人間のように2本足で立ち上がり、両手をつなぎ、向かい合って踊っていたのだ。どう見てもキツネとタヌキだった。暗黒のなか、まるで舞台のスポットライトのように照らされた路上で、昔話のワンシーンのようにキツネとタヌキが手を取り合い、舞踏会を開いていたのだ。私はそのまま原付を走らせ、手前30メートルくらいまで接近した。その時点で、2匹はこちらに驚いてそれぞれ別々の方向へ逃げた。原付ですれ違うとき、私は少なくとも片方は間違いなくキツネであるのを確認した。もう片方ははっきり見えなかったが、タヌキだったと思う。

あれはいったい何だったのだろうか？　たまたまキツネとタヌキが路上で餌や縄張りを巡って争っていただけだろうか。キツネは仲間同士で争うとき、一瞬立ち上がるようなそぶりを見せるからだ。でも、私はキツネとタヌキのワルツだったのだと信じている。ちなみに、連中とすれ違ってしばらく走った後、もしかしたら化かされているのかと不安になり、道脇でいったん原付を止めた。そして、本日の戦利品を確認したが、さいわいなことに幻のアリは木の葉っぱに変わってはいなかった。

忍び寄る侵略者

裏山での生き物との逢瀬は、いつもほがらかとは限らない。未知なる虫を発見しても、まったく嬉しくないことがある。すなわち、日本にいるはずのない外来種を見つけてしまったときだ。辺鄙な山奥といえど、長野県内にも最近どんどん外国の虫が侵入してきている。例えば、松本市街地近郊の緑地では毎年アメリカシロヒトリ *Hyphantria cunea* の幼虫が大発生して、しばしば樹木を丸坊主にする。信州大学の構内では、例年夏になると毛虫駆除のため薬剤散布が行われるが、その割にはけっこうな数の毛虫がその後も生き残る。

市街地から離れた農耕地にも、妙な外来種がいる。インゲンマメを栽培している畑に行くと、しばしば葉が派手に食い荒らされていることがある。これは、インゲンテントウ *Epilachna varivestis* というテントウムシの仕業だ。アメリカ原産とされるこの甲虫は、1990年代前半にはすでに日本に定着していたらしい（白井、2002など）。長野県と山梨県の山間地でのみ確認されており、いまのところ分布が拡大する様子はない（白井、2002）。高温に弱く、涼しい場所から出て行けないためらしい。この虫の発見経緯は変わっており、ある子供向けの昆虫図鑑に偶然本種の写真が掲載されていたのがきっかけで、その写真の撮影地であった山梨県まで専門家が調べに行き、定着があきらかになった（藤山・白井、1998）。こんな感じで、意図するしないの別なく数々の外来種の侵入を許してきた長野県だが、つい最近さらに面倒な外来種が侵入してきてしまった。

ある夏の日、大学の裏山へと続く温泉街の小道を歩いていたとき、道脇の竹垣から巨大なハチが飛び出していった。一瞬、普通のクマバチ *Xylocopa appendiculata* に見えたが、それにしては変わっていた。日本のクマバチは別名キムネクマバチとも言うように、胸があざやかな黄色をしている。なのに、いま飛び出していった奴は、全身が真っ黒だった。あれはクマバチのようで、クマバチではない。さすれば、それはアイツ以外に考えられない。そう思った私は、さえぎるもののない炎天下で竹垣の脇にしゃがみ込み、さっきのアイツの帰りを待った。10分後、ふたたび大きな爆音を響かせて帰ってきたのは、予想通りタイワンタケクマバチ *Xylocopa* (*Biluna*) *tranquebarorum*［図4-22］だった。

タイワンタケクマバチは近年日本国内に侵入した外来ハナバチで、大阪府や愛知県、岐阜県などで定着が確認されている（間野、2012など）。民家に植わっている竹にアゴで穴を空け、

図4-22 タイワンタケクマバチ *Xylocopa* (*Biluna*) *tranquebarorum* (長野)

その内部を巣として利用する。戻ってきたハチを観察すると、竹垣の茂みの前でホバリングしながら葉陰へと入り込んでいった。そこをかき分けると、目の前にあった太さ3センチメートルくらいのタケの幹に、1センチメートル弱のきれいな丸い穴が空いていた。穴の口からは、内部でさかんにハチが動き回るのが見えた。体に付いた花の花粉を落としているらしい。この時期、温泉街周辺では植栽されたフヨウやマツバギクが咲くため、これらから花粉を得ているらしいことが、後にハチの体表に付いていた花粉の観察から判明した（小松ら、2012）。さらに調べるとこの竹垣、わずか10メートルほどの長さにもかかわらず、あちこちにハチの巣穴があり、複数のハチの出入りが確認できた（小松ら、2012）。私はこのとき、はじめてこの場所でタイワンタケクマバチを見つけたが、ハチの個体数や営巣状況から見てあきらかに前年以前にはすでにここに定着し、今日まで発生を繰り返してきた雰囲気だった。私が発見したタイワンタケクマバチは、長野県初記録だった（小松ら、２０１２）。隣県では定着しているのだから、遅かれ早かれ長野県内に侵入してくるのはわかり切ったことだったが、県境をすっ飛ばしていきなり県の中央部たる松本市で発生しているとは衝撃的だった。資材として使われる竹筒のなかに営巣された状態で、人の手で知らず知らずのうちにあちこちに運ばれてしまうため、いままでいなかった場所に突然出現するのだろう。

ハチは野山の花にとって、花粉を運んでくれる重要な存在である。しかし、もともと存在しなかった外国のハチが持ち込まれると、本来その土地で成り立っていた土着のハチと花との関係が壊されてしまうことがある。実際、小笠原諸島などでは外来のセイヨウミツバチが現地固有の花や固有のハチ類双方に様々な悪影響をおよぼしている（Kato *et al.*, 1999 など）。現在、タイワンタケクマバチが日本の生態系に直接害を与えている証拠は得られていないようだが、油断できない。私が見た例のように、日本在来のクマバチと同所的に存在する場合があるため、餌や営巣場所をめぐって何らかの形で競争が起きる、いやすでに起きているかもしれない。とくに、日本のクマバチとタイワンタケクマバチはともに、その体表には特殊な共生ダニが存在し、双方でそのダニの種構成は異なる（Kawazoe *et al.*, 2010 など）。何かの間違いでタイワンタケクマバチのダニが日本のクマバチに移ったとき、日本のクマバチに何が起きるのかは誰も知らない。

外来バチの影響で日本のハチがいなくなれば、それまでそれらに受粉を依存していた日本の植物が消滅し、最終的には地域の植物の種構成までがらりと変わり、日本の生態系そのものが元とはかけ離れたものになってしまう可能性だってあるのだ。

これから先、この裏山の環境はどう変貌していくだろうか。人為的な影響にくわえて迫り来る外来種の影響など、憂いの種は尽きない。悪くなることはあっても、よくなることはないかもしれない。その全部を含めて、私は可能な限り裏山を見つめ続けたい。

神秘の欠片を集める旅

アリが結びし人の縁

じつは、私は8年ほど前から丸山先生と共謀して、とある計画を水面下で進行させていた。それは、日本産好蟻性生物の図鑑の出版である。好蟻性生物には、昆虫のほかにクモ、多足類、甲殻類、線虫など様々な分類群のものが含まれる。それらを一挙に、野外で撮影した生態写真とともに載せて紹介するという、前代未聞の図鑑を作ろうというのだ。

生き物の写真撮影を趣味とする私は、常日頃から身の回りの好蟻性生物を撮影しており、写真のストックは十分あった。何しろ、大学周辺には日本でこれまで知られている好蟻性生物のうち、たいがいの種が生息するのだ。暖地と寒地の狭間に位置し、環境・地形が起伏に富む本州中部は、おそらく日本でもっとも好蟻性生物の種類相が豊富な地域だろう。しかし、そうは言っても、どうしても家の周りにいない種はいる。そこで、私は日本各地へアリヅカコオロギの採集に行くついでに、家の近所にいない種の好蟻性昆虫を仕留めてくるよう、かねてから丸山先生の密命を受けていた。

博士課程の特別研究員DCIだったころはよかったが、その後のポスドク時代になると、自分に課せられた仕事を優先する義務が生じ、週末にしか虫探しの旅に出られなくなった。もちろん、旅費はすべて自腹（ものすごく辺鄙な場所へ行く場合に限り、成果に応じて丸山銀行から報酬は下りたが）。雇ってもらっている身分で申しづらいが、けっして金銭的に裕福ではない。そこへ来て、採集と撮影の遠征で毎月数万円が飛ぶので、いつまで経っても貯蓄が増えない。少しでも旅費を確保すべく、私にとって必須でない新聞その他の出費要因は、すべて居住区内から排除した。怪我にも病気にもおちおちなれない。また、「貧乏人は麦を食え」にならい、家では米を食うのをやめて安い麦を食いはじめた。普通、市販の押し麦は白米と混ぜて炊くらしいが、私は押し麦１００％で炊いた「１００％麦ご飯」を家で食いはじめてもう5年になる。ぽそぽそして味気ないが数日で慣れるし、栄養的にはむしろ白米より上だろう。本当に好きでやっているからこそ、こんなひもじい生活も甘んじて受け入れられるのだ。

しかし、普段そんなジリ貧生活をしているからには、一度遠征に出たら標的は絶対に仕留めねば私が浮かばれない。日本の好蟻性昆虫には、とても狭い分布を示すうえに発見がきわめて困難な種類がいくつも存在する。それらは、よその人間がほんの1時間適当に探して見つけられる代物ではないため、私は丸山先生から、その土地柄に詳しい専門家の人々を何人も紹介していただいた。何しろ、好蟻性生物にはあらゆる分類群が含まれるため、結果としてあらゆる分類群の生物の専門家たちと知り合うことになった。そして、その人たちのお陰で、私は多くの「難敵」を次々に仕留めていくことができたのだった。今世紀最大の奇書『アリの巣の生きもの図鑑』は、こうして日の目を見る運びとなったのである。

好蟻性生物を求めて日本中を駆けめぐった、とくにここ3、4年間は、私の人生のなかでもっともいろんな人々と出会い、知り合った期間でもあった。そうした人々のなかには、その後も個人的な交流が続き、一緒に虫探しに出かけるまでになった人も少なくない。アリと好蟻性生物が結んでくれた、大切な人脈だ。

沖の太夫の羽の上

好蟻性生物をめぐる旅には、常に災難が付きまとった。私にとっては何がおかしいのかまったくわからないのだが、三十路の男が道ばたで石を裏返したり、カメラを地面に向けてストロボを光らせるさまは、道行く人々の目には常軌を逸した不審行動に映るらしい。いままで被った通報・職質の回数など、数える気にもなれない。それどころか、埼玉の誰もいないある河原では、まだ何もしないで突っ立っていただけで通報されたことすらあるほどだ（しかも正月の元日）。しかし、いいことは全然ないでもなかった。

２０１１年の夏、私は小笠原諸島の母島まで高飛びした。図鑑に使用する、地球上でこの小笠原にしかいない好蟻性甲虫を撮影するためだ。巨大な客船で片道25時間かけて父島へと向かい、そこからさらに別の船を乗り継いで母島へと向かった。ちょうど観光シーズンと重なってしまい、「おがさわら丸」の2等船室は人間でスシ詰め状態だった。７００人近くの乗客が乗り込んでいたらしい。しかしその７００人のなかで、アリの巣にいるゴマ粒より小さい甲虫を採るために乗り込んでいたやつは、１人だけだっただろう。生まれてはじめての、周りに陸地がまったく見えない船旅は、さながらアホウドリにでもなった気分だった。

小笠原諸島はご存じの通り、面積の割に多様な固有種の生物がいることで知られる。アリも例外ではなく、固有種が数種類いる［図4-23］（寺山・久保田、２００２：Terayama *et al.*, 2011 など）。同じく火山島で、面積だけ見ればはるかに広大なハワイ諸島に一種類もアリの固有種がいないこと（Krushelnycky *et al.*, 2005）を考えると、驚くべき事実だ（代わりに、ハワイではショウジョウバエなど別の分類群の昆虫が多様化している：Kaneshiro, 1997 など）。さらに驚きついでに、小笠原諸島

図4-23 小笠原固有のアリ類. a：オガサワラアメイロアリ *Nylanderia ogasawarensis*. b：トゲナシアシナガアリ *Aphaenogaster edentula*

には、それら固有種のアリと関係を持つであろう固有種の好蟻性生物までもがいるのだ。そのなかでも私が標的にしたのは、クロサワヒゲブトアリヅカムシ *Articerodes kurosawai* という甲虫だった。10年ほど前に記載されて以後（Nomura, 2001）、わずかしか記録のない珍種で、その珍奇な形態と近縁属の生態から、何らかのアリ巣内で生活しているのがあきらかな種類だった。しかし、これまでの発見例は、いずれも土中から偶然出てきたとか、たまたま飛んでいたのをすくい採ったなどという記録ばかり。誰一人、本来の住処であろうアリの巣からこの甲虫を採ったことがなかった。そこで、そいつの本当の寄主アリ種を突き止め、生態写真も撮影しようと思い立って出撃したのだ。

この遠征にさきがけ、半年前から計画を練りに練った。いまや世界遺産となった小笠原は、ほぼ全域が自然保護区であり、好き勝手に森で虫採りができない。そこで、丸山先生の人脈をたどって現地での調査協力者を募り、環境庁や林野庁から調査許可を取得していただいた。それから、この甲虫の近縁属に関してわかっている限りの生態情報を洗いざらい調べた。やみくもにアリの巣をほじくり返しても効率が悪いし、現地の自然環境に与える負荷も最小限にとどめたい。だから、現地に生息するアリ種と、甲虫の生態情報とを加味した結果、アメイロアリ属 *Nylanderia* のアリが寄主候補として挙がった。アジアの、とくに熱帯地域に分布するヒゲブトアリヅカムシ類には、アメイロアリ属を寄主とする属がやたら多い。そこへ来て、小笠原固有種の好蟻性昆虫が寄生する相手といえば、小笠原固有種のアリに違いない。そして、小笠原固有種のアリにはオガサワラアメイロアリ *N. ogasawarensis* という、まさにアメイロアリ属の種類がいる。絶対にこいつが寄主だ！

このように、私は最初からピンポイントで1種類の固有種アリに標的を定め、出撃した。その読みはまんまと当たり、私はたった2日間しかなかった調査期間のうち、いきなり初日でオガサワラアメイロアリ巣内からこの甲虫を発見した（小松ら、2012：後日、固有種でないケブカアメイロアリ *N. amia* 巣内からも発見された）。それまで地球上でわずかしか採れておらず、しかも何かの拍子に偶然視界に入る以外に人類が出会うすべを持たなかった虫を、その場所のその微環境（せまく小さな特定の環境）にいると狙って見事に一発で発見することが、どれほど素晴らしく類い稀なことか。虫採りの楽しさを知らない人間には、逆立ちしたって一生わかるまい。

無事に目的をはたして東京へ帰る日。母島から父島へと向かい、その父島から巨大な客船に乗り換えて、また竹芝桟橋への長旅が始まった。船が父島を出発すると、大勢の地元の人たちが周りを漁船で併走し、別れを惜しんでいつまでも手を振り追いかけてきた。私は父島には滞在しなかったので、あのなかに顔見知りは誰もいない。向こうも誰一人私に向けて手を振っているわけではない。それなのになぜだろう、この人嫌いなはずの私は、あろうことか目頭がとても熱くなっていた。

なお、本書内ではこのクロサワヒゲブトアリヅカムシを含め、日本産の好蟻性生物の写真はあまり載せないことにしている。なぜかって？　当然じゃないか。国民に『アリの巣の生きもの図鑑』を買っていただくために決まっていよう。

まだ見ぬ「想い虫」

『アリの巣の生きもの図鑑』では、日本で見られる主要な好蟻性生物の大半を生態写真つきで紹介できた。それでも、標本画像しか掲載されていない種類がいくつか存在する。それらは、多くの人々の助けと私の数年間に及ぶ再三の探索努力もむなしく、まったくかすりもしなかった強者である。チャイロホソハナムグリ *Clinterocera ishikawai* やフサヒゲサシガメ *Ptilocerus immitis*、アカオニミツギリゾウムシ *Cobalocephalus gyotokui* といった連中がその筆頭で、これらは好蟻性という枠を超えて日本の昆虫全体のなかでもきわめつきの珍種だ。生態も寄主アリ種もわからない。なかでも、フサヒゲサシガメは私にとって特筆すべき執念の虫である。

この虫は、その名の通り触角と、そして後脚にもフサフサの毛を生やした奇妙なカメムシだ。体長は1センチメートルにも満たないが、その姿ははじめて見る者に強烈なインパクトを与える。しかも、この虫のすごいのは外見だけではない。アリを専食するこのカメムシは、樹幹のアリの行列脇にいつも陣取っており、アリが来ると腕立て伏せをするように上体をそらす。この虫の腹面、人間でいう「へそ」の部分には、小さな毛束が生えている。ここから、アリを魅了してやまない特殊な液を分泌するのだ。アリはカメムシに「へそ」を見せつけられると、辛抱たまらずそれにしゃぶりつき、一心不乱に舐める。ところが、その「へそ」から出る汁には、アリが喜ぶとともにアリの動きを止めてしまう毒が混ざっている。知らずにアリは喜んで汁を舐め続け、そのまま昏睡状態に陥る。そこで、カメムシは針状の口吻(こうふん)をアリの脳天に突き立てる。いやいやをするように頭を左右に激しく振り、ドリルのように口吻でアリの頭を穿孔し、中身を吸い尽くしてしまう(Jacobson, 1911; T. K., personal observation)。甘い(かどうかは知らないが)罠でアリを魅了し精気を吸い尽くす、まるで睡魔サッキュバスの化身だ。私はこの仲間の新種を発見できたら、絶対に *succubus* の種小名を与えたい。

こんな奇虫がいるならば、ぜひとも現物を拝んでみたいと思うのは当然だ。しかし、このサ

図4-24 フサヒゲサシガメの一種 *Ptilocerus* sp.（ボルネオ）．偶然目の前に飛んできたものをつかみ取った．その後は二度と発見できていない

ツキュバスの仲間たちは東南アジアを中心に多くの種類が生息するものの、すべての種類が例外なく珍種でめったに採れない。私自身、東南アジアでさんざん探しているものの、この仲間を見た回数たるや五指に満たない［図4-24］。カメムシの専門家すらこれを狙って採れる者はおらず、たいていは夜間灯火に来たものや、茂みを叩いて偶然落ちたものを採っているらしい。そのなかでも、日本の種は輪をかけて採集困難な、折り紙付きの種類である。何しろ、過去の採集例自体が少ないうえ、1989年を最後に誰も発見できていないのだから（行徳、1960；楠田、1964；渡辺、2001）。採れているのは西日本で、瀬戸内海を取り巻くように散発的に記録がある。その記録の多くは人里近くの裏山で、松の樹皮下から採れたというものだ（矢野、2012）。現在、西日本では松食い虫防除のため松林に大量の殺虫剤を散布しており、これにより絶滅

してしまったのではないかとも噂されている。しかし、一方で別の樹種からも採れており（矢野、2012）、どれほど松に依存した生態を持つのかわからない。あくまでこれは好蟻性昆虫なので、樹種でなく寄主アリ種に着目した探し方をすべきなのだが、そのアリ種がわからないのが困りものだ。

わずかに判明している海外産種の生態（Jacobson, 1911; T. K., personal observation）から推測して、フサヒゲサシガメはほぼ間違いなく決まった1種類の樹上性アリの行列脇にいる。それも、日本ではあまりメジャーな分類群ではないカタアリ亜科 Dolichoderinae が怪しい。私はそのなかでもシベリアカタアリ *Dolichoderus sibiricus* とルリアリ *Ochetellus glaber* に標的を絞り、時間と金が工面できるたびに西日本へ遠征に出る。そして過去に記録がある地域で、怪しいアリ種の行列を血眼で探し回っている。現在までに知られている、あのカメムシの記録の多くは、50年以上も前のものばかり。それらの記録が出た各地の現在の環境は、どこも宅地化したり杉の植林に変わったりと、目を覆わんばかりの状況だ。だが、探すことを諦めたら見つかるものも見つからない。私は、誰よりもこの虫を愛している。奴のことを想う気持ちは、そこらの本職のカメムシ学者より上だと自負している。だから、私は誰よりも先にこの虫を再発見する。何人たりとも、私を出し抜くことは許さない。再発見するその日まで、あらゆる手段を講じて探し続けるつもりだ。

私がかつて執心したテレビゲーム「時空戦士テュロック」（アクレイムジャパン）は、広大な時空に散らばる神秘のカケラを集め、巨大な敵を倒すための最終兵器「クロノセプター」を完成させるという内容だった。私のここ数年間は、好蟻性生物図鑑というクロノセプターを完成させるべく、各地に散らばる未知なる好蟻性生物というカケラを集める旅だった。だが、私が完成させたクロノセプターは、まだ完全ではない。そして、この先どんなにカケラを集めようとも、完全にはならないと思う。でも、だからこそ、それは私にとって生涯をかけてずっと追い続けたいと、本心から思える研究対象になったのである。

コラム●世界の好蟻性昆虫小図鑑

私は、副業で昆虫写真家をやっている。ときどき自然科学系の本が出版されるときなどは、写真を各方面に貸し出している。

世のなかには、いまや多くの昆虫写真家たちがいて、その各人がある程度テーマ（擬態昆虫とか蝶とか）を絞り、それぞれ工夫を凝らして他の追随を許さぬ美しい写真を撮っている。私は、基本的にヒトと犬と魚のボラ*以外の生き物なら何でも撮影するが、オリジナリティを出さないことには「その他大勢」のなかに埋もれてしまう。そこで選んだのが好（白）蟻性生物だ。これの研究をしているのだから、テーマにしない手はない。例えば、海外調査の際に石を裏返し、朽ち木を割ってアリの巣を暴くと、いろんな生き物が出てくる。だが、それらのなかには偶然アリと同じ石の下や朽ち木のなかにいた生き物もたぶんに交ざっており、それらが本当に好蟻性の種か現地で判断するには、それなりの知識と経験が必要だ。第一、「この時期この地域にいる、この種のアリの巣の周辺にはこういう好蟻性生物がいる」という知識なしには、そこでそれを探そうという思考自体が浮かばない。ときには、地中深くに住むシロアリと共生する珍種を狙って、固い岩盤を地下1メートル以上も手鍬で掘削したり、刺され続けると健康に障る獰猛なアリの群れに手を突っ込んだりせねばならない。アリにすべてを捧げた者しか、真の好蟻性生物写真家（何だそりゃ？）にはなれないのだ。もっとも、そうしてマイナーなほうに特化しすぎると、企業その他に写真を使ってもらえなくなるジレンマも抱えているが。ここで、私がこれまで諸外国に調査へ赴いたなかで遭遇した、不思議な好（白）蟻性昆虫のいくつかを紹介しよう。いずれも、これまでほぼ世界的に生きた姿が撮影されたことのない、よりすぐりの奇虫ばかりだ。

カギカ属*Malaya*［図4－25a］は、熱帯アジアやオーストラリア、アフリカ地域に広く分布する蚊だ（Wharton, 1947）。樹幹のシリアゲアリの行列上をホバリングしては舞い降り、アリに餌を吐かせて吸う（Jacobson, 1909）。動物からは吸血しない。本属はサトイモ科植物の葉腋（ようえき）に溜まった雨水から発生する。ボウフラはいくらでも見つかるため生息地では普通種のはずだが、成虫は高所で生活しているのだろうか。理由は知らないが、とにかくめったに姿を見ない（Miyagi, 1981）。それゆえ、100年近く前からその生態が知られているわりに、生態写真はほとんどこの世に存在しない。じつは日本の南西諸島にもいる（宮城、1977など）。

カクマグソコガネの仲間は、朽ち木のなかで暮らす糞転がしである。彼らは動物の糞には来ず、おそらく朽ち木を食べて生きている。そのなかのある特殊なグループのもの［図4－25b］（Skelley, 2007）は、シロアリの巣くった朽ち木からしか見つからない。シロアリは木材を食べながら大量の糞を出して巣の補強材に使うが、この糞にはもともとの木材には少ない窒素分などの栄養が濃縮されている。そのため、この糞転がしを筆頭に、これを餌にする好白蟻性昆虫は多い。全身がコブとスジに覆われ、脚

＊ボラは見た目がおぞましい生物だと思っている（幼少期のトラウマゆえ）。

図4-25 好蟻性昆虫いろいろ. a：シリアゲアリから餌を盗るカギカ *Malaya* sp.（マレー）. b：オオキノコシロアリ巣内にいた糞転がし *Termitodiellus luzonensis*（フィリピン）. c：ツムギアリとアシブトコバチの一種*Smicromorpha* sp.（タイ）. d：幻のヒトフシグンタイアリ *Cheliomyrmex* sp.とムクゲキノコムシPtiliidae sp.（エクアドル）

は太く変形している。腹部の末端には、シロアリをなだめる匂いを出す毛束が生え、まるで古代兵器の面持ちだ。この特殊なグループのカクマグソコガネは、熱帯の辺鄙な島の辺鄙な森にしかおらず、採集どころか生息地まで行くこと自体が難しい。もちろん、生きた姿が撮影された歴史はない。

東南アジアのツムギアリの巣を壊して内部の幼虫や蛹を外へ散らばすと、奇妙な寄生蜂が飛来して周囲をホバリングする［図4-25c］（海野、1999も参照のこと）。体型は細身で、強靭な後脚を持つ。アリがくわえて巣に戻す最中の幼虫や蛹に隙をついて止まり、瞬時に産卵して逃げる。ツムギアリは運動神経がいいため、寄生後のハチはアリに捕まらぬように後脚で高速ジャンプして空中へ逃避するのだが、それでも何匹かはアリに捕まり、八つ裂きにされる。アリの巣の居候たる好蟻性昆虫も、けっして楽をして生きてはいない。

南米に住むヒトフシグンタイアリ属 *Cheliomyrmex*［図4-25d］は、地下性のためめったに姿を見られない（地表に出てこないだけで、実際には多いらしいが……）。エクアドルに行ったとき、道ばたでその珍しいアリの行列が偶然地表に出ているのを見つけた。観察していると、多くの好蟻性ムクゲキノコムシ Ptiliidae sp. が行列をなぞり歩いていった。アリ自体が珍種のため、それの好蟻性昆虫など当然まったく調べられていない（東、1995）。だから、この甲虫は確実に新種なのだが、採集できなかった。エクアドルは遺伝子資源保護のため、外国人には調査研究の大義名分があっても虫の採集許可を簡単には出さないのだ。許可のないところで見つけたから、たとえ明瞭に新種とわかる虫が目の前を歩いていっても、採集も新種記載もできないのでただ指をくわえて見送るだけ。次に人類が、このアリとその好蟻性昆虫を見つけ出すのは何百年先のことだろうか。

ほかにも、私は世界中で撮影した膨大な種数および枚数の、不思議な好蟻性生物の写真を蓄積しており、全部紹介したらそれだけで一冊の本ができるだろう。日本国内の好蟻性生物に関しては、すでに図鑑として世に送り出した。しかし、海外産のものに関しては、いまのところ出版の見込みはない（自費出版で、法外な値段のものは少し出したが……）。出したところで、そんなマイナーで実用性のない図鑑など世間の人間は誰も買うまい。でも、もしこの世に奇特な出版社、奇怪な生物に飢えた人々があるならば、遠い未来のいつかに書店に廉価で並ぶ日が来るかもしれない。そのころまで、私がこの世で、ヒトの姿を保っていればの話だが。

第5章 極東より深愛を込めて

かならずペルーに勝ちに征く

夢幻のスピット・ファイア

この辺で、そろそろ裏山の奇人史上最初で最後、一世一代の大勝負に出た話をしようと思う。博士課程のときに南米エクアドルへ行った話を、先に書いた。じつは、私はそのエクアドルから帰って以後、ずっと心にわだかまりを抱えたまま過ごしていたのである。そのわだかまりとは、とある「ハエ」にまつわることだった。そのハエというのは、例によってアリと関係するものである。

南米のジャングル最強の生物と謳われるグンタイアリだが、それと密接に関わるいろんな生物が知られていることは、いまさらここで言うまでもなかろう。その多くはコロニー、もしくはアリそのものに寄生、共生するようなものなのだが、それらとは別の、じつに面白い方法でこのアリを利用する生物がいるのだ。それこそが、「火事場ドロボウ」である。

獲物を求めるグンタイアリ（とくに、コロニーサイズの大きいバーチェルグンタイアリ *E. burchellii*。以下、グンタイアリとはこの種を指す）の行列が森に攻め込んでくると、それまで地面の落ち葉や倒木裏に隠れていた小動物が、食われたくないので慌てて地表に這い出し、わらわら逃げ出す。こうして地上にいぶり出された小動物を専門に襲って食う鳥「アリドリ」というのがいる。私はそれを以前から知っていたのだが、じつはこの鳥とまったく同じ生態をもつハエも存在したのだ。アリドリとは異なり、それらのハエはいぶり出された獲物を直接捕って食うのではなく、獲物の体に産卵する寄生者である。なかでも、ゴキブリを狙うタイプのハエがとても多い。グンタイアリの進軍に驚いて飛び出す小動物のなかでも、ゴキブリの個体数は抜きん出ているからだ。これらの寄生バエはあきらかに日中しか活動しないが、ゴキブリは夜行性だ。普通の状態では、ハエは活動時間帯の異なるゴキブリを自力で探せないが、グンタイアリの力を借りればそれが可能となる。これらの寄生バエはあくまでゴキブリなどの寄生バエであってアリの寄生バエではないのだが、「隠れた獲物をいぶり出す労働」という、アリに由来する「資源」を搾取することに特化した、立派な好蟻性生物といえる。もっとも、そうやってせっかくゴキブリに産卵したとて、その後その卵の大半がゴキブリもろともアリに捕まり食われることを考えると、ハエにとってこれがどの程度効率的な寄生戦略なのかはわからないが……。

エクアドルにいた間、恥ずかしながら私はそんなハエの存在すら知らなかった。現地でアリの捕食行軍を見ていたとき、やたら周囲の草葉の上でハエがうるさく舞っているのには気づいたが、「犬か何かが小便でも引っかけたのだろう」程度に思って相手にしなかった。日本に帰

図5-1 ヤドリバエの一種 *Calodexia* sp.（ペルー）. アリの行列脇の草に止まる

国してだいぶ経ってから、そのときのハエがそういう特殊なものだったという話を丸山先生から聞かされ、現地でもっと観察すればよかったと地団駄を踏んだ（現地でちゃんと教えてよ！）。

なぜ私がハエごときでここまで悔しがるかといえば、くだんのハエは「ものすごくカッコいい」ハエであることがわかったからだ。これらいわゆる「火事場ドロボウバエ」には分類学的に遠い2グループのものがおり、うち片方はヤドリバエ科 Tachinidae のある属のもの（例えば、*Calodexia* など）である［図5-1］。これは見た目がごく普通のハエで、見ていてそんなに愉快ではない。ところが、もう片方のグループであるメバエ科 Conopidae（もしくは Stylogasteridae）のある属 *Stylogaster* の仲間が、もうとんでもなくカッコいいのである。トンボのように長細いスタイリッシュな胴体（雌のみ）、鋭く伸びた口吻、虹色にうっすら輝く大き

図5-2 スティロガステルの復元図の一例．小松の脳内では過剰に美化されているが，凡人にはただのハエにしか見えない
©Komatsu

な複眼と、まるで子供が悪ふざけで考えた「地球侵略を狙う悪の秘密結社の乗り物」みたいな姿だ。そして、彼らは実際そんな乗り物のように華麗に宙を舞い、地上で繰り広げられる大規模殺戮を眼下に見下ろす。低空を飛びながら、逃げまどうゴキブリに体当たりして卵を付着させる爆撃機のようなハエだという。しかも、種類によってはゴキブリばかりか、ゴキブリを狙ってやってきた同業のヤドリバエに寄生するものさえいるらしい（Rettnmeyer, 1961; Smith & Peterson, 1987）。まさになんでもありの、規格外なハエだ。だいたい、スティロガステル（針のような腹の意）という名前がもうカッコよすぎる。ファンタジー小説に出てくるエルフ族の女戦士にいそうな名前で、中2病心をくすぐる［図5-2］。なお、このハエの仲間はいちおうハラボソメバエという和名がついているが（前田、1997）、中南米とアフリカに分布の中心を持ち、日本は当然のことア

ジア地域全体にほとんど存在しない（Smith, 1967）。

私は、どうにかしてこのハエに会いたい。そして、写真に収めるという形で、一ファンとしてこの「アイドル」からサインをもらいたいと思った。だが、この「アイドル」に会うには、どうしてもアフリカか中南米に行かねばならない。私の属する研究室はアジア熱帯をメインフィールドとしているため、アフリカにも中南米にもツテはない。先のエクアドルのときのような奇跡でも起きない限り、かの「アイドル」との再会など叶わぬ夢だった。

ハエをミルンダ

ところが、その奇跡は2012年に訪れた。丸山先生が自身の研究の一環として、ペルーのグンタイアリに寄生する好蟻性生物を10日ばかり調査しに行くという。その関係で、いつも相棒として目をかけて下さっているこの私めに、調査の手伝いの名目で同行するよう誘って下さったのだ。まさに渡りに船。

ほどなく私は、丸山先生とその友人である島田拓氏（AntRoom）とともに、ペルーの田舎町であるサティポへと赴いたのだった［図5-3］。この街の周辺にあるいくつかの森で、我々はグンタイアリの調査を行った。基本的に、それらの森はある程度人の手が入った環境で、やや荒れていた。そういう場所のほうが、むしろグンタイアリは探しやすいのだ。この地域には、

図5-3 調査を行った伐採地(ペルー). 毎日ものすごい数の大木が切り出されていった

幼虫期に人間の皮膚に食い込んで血肉を食らうハエ、ヒトヒフバエ *Dermatobia hominis* がいると現地人から聞いた。このハエは林内で蚊などを捕まえ、その体表に産卵後これを解放する。「爆弾」を搭載されたその蚊は、やがて人間を見つけて吸血のため人間の体表に降り立つ。このとき、蚊の体表に付いたハエの卵が瞬時に孵り、人間の皮膚に移って食い込むらしい(Savino *et al.*, 1986)。同行者のうち誰かが寄生されるのではと噂し合ったが、さいわいなことに現地滞在中に誰もやられなかった。なお、現地ではヒトヒフバエのことを「ミルンダ」と呼ぶそうだ。

さて、肝心のグンタイアリなのだが、アリそのものはあちこちで発見できた。そして、例のハエに関しても、ヤドリバエのほうはたくさん見ることができた。アリの捕食行軍さえ見つければ、その行列脇にヤドリバエはかならずいた。ヤドリバエは、グンタイアリに

図5-4 アリに追い出されたゴキブリに，後ろから襲いかかるヤドリバエ（ペルー）

追い出されて逃げ出すゴキブリを後ろから飛んで追いかけ、すぐ手前のところで着地した。それから、狙いを定めるように左右ジグザグに歩いて接近し、ゴキブリに卵を付着させるようだった［図5－4］。私はそのさまを食い入るように何度となく観察し、それはそれで面白かった。ところが、肝心の本命たるメバエはというと、これがどこにも見つからない。生態的には、アリの行列脇にうなるほどいるヤドリバエと何も変わらないはずなのに、なぜメバエだけは見つからないのか。てっきり、私はこの地域にメバエは生息していないのかとすら思いはじめていたが、そうではなかったのだった。

置いてけ堀

ある日、我々はタクシーを使って、午前中に街から少し遠い森まで出かけた。タクシーには、夕方帰ると

図5-5 バーチェルグンタイアリ *Eciton burchellii* の捕食行軍(ペルー)

きにまた来て乗せてくれるように頼んでおいた。この日の午前中は得るものがまったくなく、私はこの森に来たことを早くも後悔しはじめた。ところが、午後の遅い時間になって森から出る道すがら、たまたまグンタイアリの捕食行軍を道路脇に見つけた［図5－5］。それまであちこちで我々が見たアリの捕食行軍は、すでに延びきって先頭がどこかに行ってしまった行列の途中部分だったのだが、この日は違った。いままさに行列の先頭部分が、地表の獲物を蹴散らしながら進軍しているところだったのだ。いままで見た行列の雰囲気とはまったく異なり、すごい勢いでバッタやらゴキブリやらクモやらが、行列の頭からわらわら逃げ出していった。それらが地面の落ち葉の上を走ったり跳ねたりするたび、パチパチと大きなラップ音が響いた。それを目がけて、多くのヤドリバエがブンブン飛び回っていたが、私はふとそのハエの群れのなかに、様子のおかしいものが交ざっているのに気づいた。

普通のヤドリバエは、遠目には丸っこい体型で、飛んでもすぐに近くの草葉に止まる。ところが、問題のそいつはとても細っこい体型で、いつまでも止まらずに空中でホバリングし続けているのだ。行動はとても素早く、2、3秒ホバリングすると瞬時に数十センチメートル離れた空間に移ってしまい、目で追うのが難しい。しかも、とても警戒心が強く、なかなか至近まで寄れない。そこをなんとか根性で見据え、持っていたデジカメのシャッターをやみくもに押して、偶然ピンボケで写った像を確認してみた。トンボのようにすらっとした体型、長い口吻、間違いなくあのメバエだ！

見れば、メバエは1匹や2匹ではなかった。かなりの数のメバエが、グンタイアリの行列先頭の上空50〜60センチメートルのところで、ヘリコプターのように浮かんでいた。そして、先頭からほんの2メートルくらいより後ろからは、メバエの姿はなかった。私はこのとき、どうしていままでこのハエを見つけられなかったのかを理解した。メバエは、常にアリの捕食行軍の先頭の上空にしかおらず、アリが獲物を追い出したそばから即刻寄生していくというハエだったのだ。長い長い行列の途中部分をいくら探しても、このハエは絶対に見つけられないのである。

見つけたからには、こいつの寄生行動をもっとよく観察したい。そして、あわよくばもっときれいな写真を撮りたいと思ったが、そうは問屋が卸さなかった。この森は地形が入り組んでおり、道路脇が切り立った垂直の高い崖になっていた。あろうことか、アリの行列の頭はこの崖をぞろぞろと登りはじめてしまったのだ。当然、メバエの群れもどんどん崖の行列に沿って上へ上へと行ってしまい、やがて姿が見えなくなった。私はどうにかしてこの崖をよじ登ってハエを追いかけると駄々をこねたが、丸山先生から無理だし見苦しいから諦めろと言われた。それに、気づけばもう帰りのタクシーが来る時間だった。後ろ髪を引かれる思いで、泣く泣く私はタクシーに乗って森から帰った。明日、明後日にまたどこかの森で行列の頭を見つけ出してやると息巻いたが、その後行列の頭はおろかグンタイアリ自体発見できないまま、ペルーでの滞在期間が終わった。

千載一遇のチャンスを棒に振ったショックで、帰国後は成田空港から松本までの長い旅路をうなだれて帰った。道すがらすれ違った人たちは、まさかあの男のうなだれたのが、地球の裏側で女（それもハエの）に振られたせいだなんて、誰が思っただろう。もう南米に行く機会なんて一生涯あるわけがない。もう二度とあのハエに出会うことなく、俺は定職にも就けず、みじめで短い生涯をどこかの火葬場の脇で終えるのだ。そう思った私は、身辺整理をかねてもうあのハエのことなど忘れようと、家のパソコンのなかに入っていたメバエ関連の論文、インターネット上の「お気に入り」など、それらすべてを削除した。勢いあまって、新作の美少女ゲームまでアンインストールしてしまい、再インストールするのが大変だった。

Hola（オラ）に力を分けてくれ

愛しい彼女のことを必死に忘れようとして、されどそれができぬまま1年経ったある日のこと。たまげたことに、丸山先生がふたたびペルーに行くから付いてこいと誘って下さった。前回の遠征で捕獲しそこねた、グンタイアリの好蟻性昆虫の調査ならびに採集を行うという。今度は、彼の友人でアリヅカムシの研究をしているアメリカ人、ジョセフ・パーカー氏（Joseph Parker、コロンビア大学）が、原生に近い森での難しい採集許可を苦労して取ってくれたのだ。めったに行けないペルーの、めったに行けない場所に行ける、またとないチャンスだ。これを逃したら、次こそもうないに違いない。しかし、今回は滞在期間が4週間弱と、けっこう長いのがネックだった。教授に「先生……ペルーに行きたいです……」と白状して休暇をとり、出かける1ヶ月前からは不在期間の分を補うため、いつもの倍は業務をこなした。

しかし、休暇をとったはいいが、問題はお金だ。南米に行くには、とにかく金がかかる。飛行機代だけで軽く20万は吹っ飛んでしまうし、滞在費を考えればさらにかかってしまう。毎日「100％麦ご飯」を主食とするほど赤貧な私にとって、1ヶ月分の給料以上の金額が手元から一瞬で消えるのは痛い。雇われの業務の一環で東南アジアに行くのであれば、研究室の科研

図5-6 アマゾン川の落日（ペルー）

費から旅費が出る。しかし、そうではない今回の旅は「遊び」なので、金は全部自分でどうにかせねばならないのだ。前回のペルー遠征の際は、痛みに耐えて自腹を切った。それを今回もやるのか。やれるのか。そんな不安を募らせていたとき、丸山先生が私のために画期的な救済策を打ち出してくださった。「寄付」である。

丸山先生は、インターネットその他の様々なツールを駆使し、知り合いの方々に寄付を募って下さったのだ。その結果、たくさんの方々が我々の今回の遠征にかける思い、ひたむきさに共感して下さり、あっという間に日本とペルーを1往復できるだけの金額が集まったのである。お金を頂いたからには、かならずそれに見合う成果を挙げて帰ってくる。イスカンダルへと赴くヤマトのごとく、我々はペルーへと乗り込んだのだった。気が遠くなるほどに長い飛行機の搭乗時間、度重なる乗り継ぎの末に辿り着いたのは、ボリビアとの国境にほど近いペルーのはて、プエルトマルドナドという場所だった。ここは、広大なジャングルがいまだに残る秘境中の秘境で、たいがいの日本人が「アマゾンのジャングル」と言われて想像する、まさにそのものの様相を呈していた［図5－6］。

街（いちおう、ちゃんとした街がある）から車でジャングルの入り口まで行って、その後は船に乗り換えてアマゾン川の支流を遡り、やがてジャングルの奥地にある宿泊コテージまで辿り着いた。ここに2週間ほど滞在し、ひたすらグンタイアリを探すのだ。しかし、この場所は間違いなく環境は素晴らしいのだが、それゆえに生き物たちが森の深部へ巧みに身を隠してしまっており、典型的な「よすぎて虫が見つからない」場所だった。そのため、標的の捜索は思いのほか難航を極めるのだった。

帰らずの森と「紙」隠し

この森は、いままで入ったどこの森よりも恐ろしかった。何が恐ろしいかって、森のなかの歩道がはっきりせず、すぐに迷ってしまいそうだったからだ。ちょっと歩道からフェードアウトすると、自分がどこにいてどの方角に向かおうとしているのかがまったくわからなくなってしまう［図5－7］。森のなかは平坦で歩きやすいが、どこを見回しても景色が同じだ。目印に

図5-7 森のなかの景色（ペルー）. どこを見回しても, これと同じ景色

なるものが何もないため、容易に遭難してしまう。私も丸山先生も、滞在中に思わず「プチ遭難」して、肝を冷やした。

熱帯のジャングルは、日本の森とは訳が違う。いくら「毎分、毎秒にサッカー場何個分の森が失われ……」などと言われていても、いまだ熱帯のジャングルは広大だ。下手に迷い込んでしまうと、永遠に脱出できずそのまま餓死する危険性を常にはらんでいる。だから、私は森のなかで歩道からはずれて歩く際、白い小さな紙切れを少しずつ落とすという妙案を思いついた。こうすれば、どんなに森のなかをやみくもに歩いたとて、それを辿ってかならず戻って来られるだろう。我ながらいい策を考え出したと得意満面になったのだが、やがてこの方法には思わぬ落とし穴があることに気づかされた。

ある夜、紙切れを落としながら森のなかを徘徊し、

図5-8 キヌゲキノコアリ *Sericomyrmex* sp.（ペルー）. ぬいぐるみのようで愛らしいアリだが，冒険者を死地へと導く

さてそろそろ帰ろうと思ったとき、落とした紙のうちいくつかの所在がわからなくなっていた。だいたい2メートルおきに紙を落としたのだが、部分的に紙が消えていて、一瞬どこへ向かえばいいのかまごつくことになった。無風の日だったので、どこかに飛ばされたわけではない。何者かが、紙をどこかへ隠しやがったのだ。いったい、誰が何のためにそんなことをしたのか。苦労して、飛び飛びになった目印を辿るうちに、その犯人がわかった。アリだった。

地面に落とした紙のうちのいくつかに、昼間はどこにも見かけなかった奇妙なアリがたかっていたのだ。つや消し調の体で、柔らかそうな質感の変なアリ、キヌゲキノコアリ *Sericomyrmex* sp.［図5－8］だった。植物の葉を切り取って巣で発酵させ、キノコを栽培することで有名な「ハキリアリ」の親戚筋である。しかし、このキヌゲキノコアリという奴は、生きた植物から葉を切らない。地面を徘徊し、落ち葉や樹皮の切れっ端など、死んだ植物組織を集めてキノコの苗床にする習性を持つ。つまり、植物由来のパルプなら何でも巣に持ち帰るのだ。人間が木から作った紙とて例外ではない。森に落とした紙を見つけたこのアリは、いい苗床が見つかったとばかりに仲間を動員し、あっという間に紙をズタズタに噛み切って片づけてしまっていたのである。それに気づいて以来、私はアリがすぐに片づけられないサイズの紙を落としたり、このアリが登って来ない高い枝に紙を引っかけるなどの対抗策を講じるほかなかった。

まるで「ヘンゼルとグレーテル」が、ちぎったパンを道しるべに落としたそばから、カラスに全部食われた」みたいだが、遭難死する危険にさらされている身としては、そんなにのどかな話ではない。

浮かぶ刻印（スティグマ）

今回訪れたペルーのジャングルは、遭難以外にも至るところに危険が潜んでいた。姿こそ見ないが野生動物の気配は濃く、ジャガーやワニ、アナコンダといった猛獣の類がすぐそこらでたびたび目撃されていた。だが、もっと遭遇する確率の高い猛獣として、イノシシの仲間であるペッカリのほうが恐ろしかった。いつも群れで行動するこの戦車のような獣は、とにかく短気で人間を見ると群れで突撃してくると、現地の人から脅された。上下にキバの生えた強力な

図5-9 森を2時間歩きながら,襲来する蚊を網ですくい続けた結果(ペルー)

アゴで咬み付かれたら、一瞬でこちらの手足などグシャグシャにされてしまう。強靭な鼻面をこちらの股ぐらに突っ込まれて真上にしゃくられたら、吹っ飛ばされて固い針のむしろのようなジャングルの茂みに叩きつけられる。あるいは、しゃくられた際に足の動脈をキバでスパッとやられて即死だ。そんなふうに脅された直後に1人で森に入ったとき、3頭のペッカリの群れにばったり出くわしてしまい、心臓が口から飛び出そうだった。さいわい、向こうのほうが逃げていったが……。

また、この森は獣が多いことを反映して、吸血昆虫の数がすさまじかった。森に入れば、常軌を逸した規模の蚊の群れにすぐさま取り巻かれた。大型の種類ばかりで羽音が大きく、接近にすぐ気づけるのは救いだったが、いくら倒しても次々に新手がやってくるためきりがない［図5-9］。精神も体力もごっそり削られ

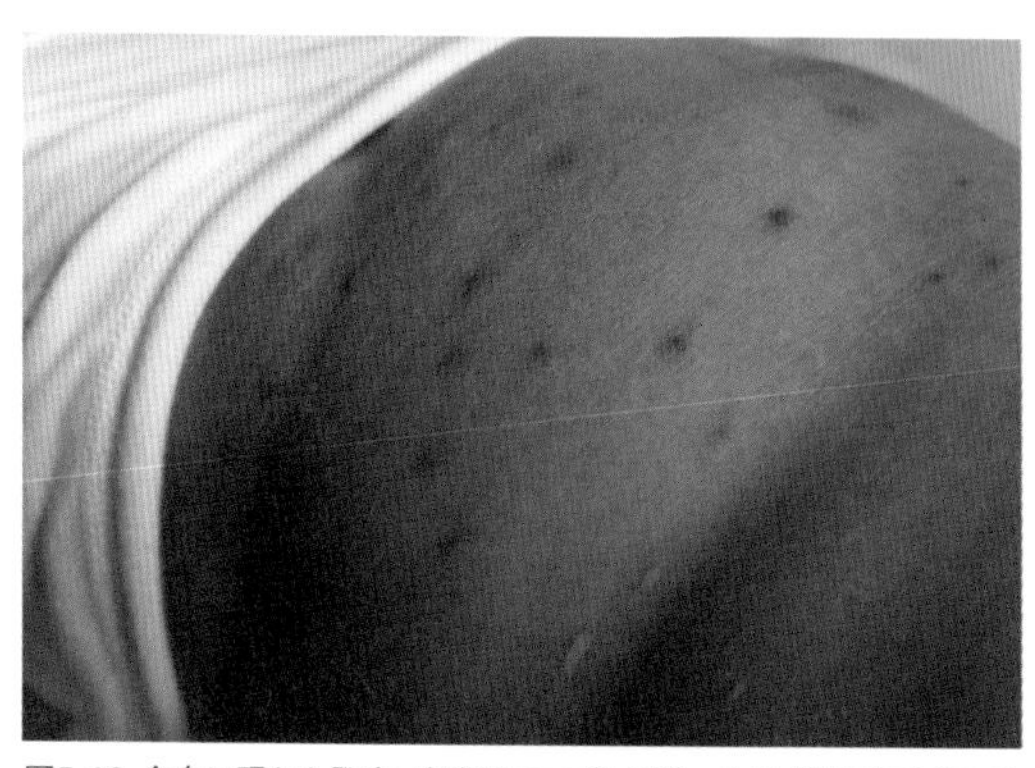

図5-10 全身に現れた発疹. 実際にアマゾンに行った者だけに与えられる, 聖なる紋章

てしまい、宿に帰るとへとへとになってへたり込む毎日だった。また、森で調査している数時間はずっと蚊の羽音を耳元で聞くことになり、宿に帰った後もずっと羽音が聞こえる錯覚に陥って困った。森のなかにはあらゆる場所に水たまりがあり、無尽蔵に蚊が発生できる基盤が整っていた。蚊をこの世から絶滅させようなどという考えが、いかに非現実的かを思い知った。ほかにもヌカカ、サシチョウバエ、ダニなど、訳のわからないものに全身を刺され、あまりのかゆさに発狂しかけた。森へ行って帰ってくるたび、体中に発疹を新規に10個はこしらえた。滞在末期には、全身100箇所以上も発疹をこしらえており、さながら「101匹わんちゃん」みたいな姿になってしまった［図5-10］。

さらに、血こそ吸わないが毒針で刺してくるアリの多さは種数、個体数ともに東南アジア以上だった。ジ

図5-11 アマゾンの死に神（ペルー）．a：サシチョウバエ *Phlebotominae* sp.．なよなよした羽虫だが，致死的な難病リーシュマニアを媒介し非常に危険．でも見た目は可愛い．b：オオサシガメ *Rhodnius* sp.．夜間，寝床で寝ている人間を刺す．刺された数年後に突然心臓麻痺で死ぬ，恐ろしいシャーガス病の媒介者．でも縞模様は綺麗．c：パラポネラ *Paraponera clavata*．日本ではインターネット上で「グンタイアリも避けて通る」「金切り声をあげて襲ってくる」など，いたずらに誇張されている．本当は、怒れば刺すこともあるというだけの，ただの大きいアリに過ぎない．d：ヤブ蚊 *Psorophora* sp.．人体を激しく刺し，ヒトヒフバエの卵も運ぶ．大型の美麗種

ャングルで藪こぎをすると、知らないうちに強力な毒針を持つアカシアアリ *Pseudomyrmex* sp. が服のなかに侵入する。こいつは、こちらが藪から出て別な場所で別なことをしているとき、突然服のなかから刺す。アズキ粒ほどの大きさもない華奢なアリのくせに、刺された痛みは日本のスズメバチとほぼ同等でびっくりする。忘れたころにこちらの心臓を射貫く、「時間差攻撃」の達人だ。まともに刺されれば1週間は寝込むといわれる巨大アリ、パラポネラ（サシハリアリ）*Paraponera clavata* も、

まるで庭先のナメクジのような感覚でそこらじゅうを闊歩していた。しかし、そんな魔境でなければ見つけられない宝だってあるのだ［図5-11］。

グンタイアリの捜索は遅々としてはかどらなかった。同じコテージに泊まっていた多くの観光客らにも、もし森のなかで行列を見つけたら知らせてほしいと頼んだが、なかなか情報は寄せられなかった。滞在期の前半でやっと見つけた1コロニーは、捕食行軍を繰り出すさまを見せぬままどこかへ夜逃げしてしまった。度重なる雨天で外へ出られない日も多く、このまま捕食行軍が観察できなければ、あのみじめな思いの二の舞、いや三の舞だと思いはじめ、焦燥に駆られた。そして、滞在期限が1週間を切ったころ、ようやく2つ目のコロニーが見つかったとの知らせが入った。

劇団アマゾーン

見つかったコロニーは、宿から歩いて1時間以上もかかる遠い森の奥にあったという。正直、行くだけで疲れてしまうのだが、背に腹は代えられない。思い切って行くことにした。ぬかるみを越えて、沼を踏破し、ひたすら進んでいく。困ったことに、目的地にほど近い道中の歩道脇に、大きなマルハナバチの巣があった［図5-12］。このハチが理不尽なまでに凶暴で、巣のそばを通る人間をやみくもに襲うのである。グンタイアリのところへはその後も連日通うこと

図5-12 マルハナバチの一種 *Bombus transversalis*（ペルー）．何の警告もなくいきなり背後から襲ってくるため，スズメバチよりたちが悪い．何度も至近での撮影を試みたが，結局は望遠レンズに頼るほかなかった

になるため、このハチの巣の前を通るときは、まるでごろつきの家の前を通るように毎日ビクビクして行った。昔の「川口浩探検隊」の気分そのものだったが、それと唯一違ったのは、帰り道も底なし沼や凶暴なハチの巣の前を通らねばならないことだ。

その日は昼過ぎまで雨だったため、夕方から行くことにしたのだが、現地に到着してびっくりした。地上50センチメートルくらいの樹洞内にできた仮巣（ビバーク）から、黒い川のように無数のアリの大群が流れ出していた。捕食行軍だ。一般的に、グンタイアリは朝に捕食行軍を繰り出すが、この日は朝が雨だったので、やむを得ず夕方から出撃したのだろう。私はあわてて行列を辿り、先頭を探った。はたしてビバークから50メートルくらい離れた、鬱蒼（うっそう）とした茂みのなかに、行列の先頭は見つかった。そこには無数のハエが飛び回っているのが確認できたが、ヤドリバエばかりでメバエが見つからない。どこだ、いるのか？ よくよく目をこらすと、薄暗い茂みの地上10センチメートルくらいの高さを、とても小さなメバエがホバリングしているのが、なんとか見て取れた。このメバエの仲間には沢山の種類がおり、前回のペルーで見つけた種類は体長1センチメートルほどあったが、今回の種類はその半分ほどしかない極小サイズだった。前回の種類に輪をかけて素早く、敏感で近づけない。そうこうしているうちに日没となり、ハエはどこかに姿を消してしまった。翌朝、また見に来るしかない。

翌朝、朝飯を手早くすませた私は、また1時間の道のりを歩いて昨日のビバークまでやってきた。この日はバッチリ、グッドタイミングで、洞からアリどもがちょうど行軍を繰り出そうとする、まさにそのときだった。外へ出たアリどもは、洞から3メートルほど離れた地面に溜まっていたが、やがて少しずつ進みはじめた。このころになると、いつの間にか周囲をたくさんのヤドリバエが舞いはじめた。まだメバエの姿はない。私は来るべきときに備え、履いていた自分の長靴に、持参したベビーパウダーをたっぷりまぶしておいた。こうしておけば、グンタイアリが登ってきて足を咬まれたり刺されたりすることはない。

行列の進軍が6メートルくらい進んだときだった。私のすぐそばで、バサバサッという鳥の羽音が響いた。アリドリがやってきたのだ［図5-13］。いままでいくつかの場所でグンタイアリの行列を見てきたが、アリドリを実際に見たのははじめてだった。数羽いるらしく、時折茂

図5-13 ノドジロメガネアリドリ *Gymnopithys salvini*（ペルー）. 雄は青みがかった灰色だが, 雌は赤茶色.「ビュウウウー」という唸り声とともに, どこからともなく出現する

みから姿をちらちらと見せていた。赤い鳥と青い鳥の2種類がおり、いずれもこちらが身動きと音を出すのを控えていれば、すぐそばまで寄ってきた。長野の裏山で鍛錬した、野生動物との逢瀬の作法が役に立った（後で調べたところ、この2種類と思っていたアリドリは、同種の雌雄であることがわかった）。アリドリはアリの行列の上に張り出した枝に止まり、行列を凝視していた。もし行列脇から何か別の虫が這い出すと、あっという間に地上に降りてそれをついばみ、また近くの枝に戻る行為を繰り返した。やがて、「フガッフガッ」という奇声とともに、黒い七面鳥のような鳥も数羽歩いてきた。ラッパチョウ *Psophia leucoptera* だ。アリドリほど特殊化したものではないが、これもグンタイアリに追われた虫を好んでついばみに来るのだ。アリドリもラッパチョウも、私が午前中に捕食行軍を観察しているときには、毎日かならずやってきた。こ

図5-14 セセリチョウの一種 *Jemadia* sp.（ペルー）．動物の排泄物が好きなだけなので好蟻性とは呼べないが，グンタイアリの進軍の近きを教えてくれるバロメーター

れらの鳥は、適当に森をほっつき歩いてグンタイアリを探しているのではなく、ちゃんとビバークのある場所を逐一記憶したうえで通って来るのである。

　鳥どもは虫をついばみながら、そこらじゅうに糞をして回った。すると、それを吸いに美しいセセリチョウの仲間がたくさん飛来した［図5-14］。黒い大河のようなアリの進軍、逃げまどうゴキブリ、それを襲うハエの群れ、鳴き叫ぶアリドリ、舞い飛ぶ蝶……。次々に舞台役者が躍り出て、天国なのか地獄なのかわからない阿鼻叫喚の空間を作り出していた。その雰囲気に飲まれ、私は一番の目的であるメバエのことをすっかり忘れていた。はっと我に返り、メバエはどこだと、私は怒り狂うアリどもをものともせずに行列のなかへと分け入り、愛しいアイツの姿を追った。と、いたいた！

契約の下、小松が命じる!

行列先頭の上空に、数匹のメバエが舞っている区画があった。私はそこへずかずかと押しかけたが、メバエは人間の接近を異常に嫌う生物で、こちらが近寄るとすぐ散ってしまい、まともに観察できなかった。まして、カメラを至近まで近づけて撮影するなど、とうてい不可能な様相だった。私は、根性でアリを蹴散らしてメバエを追い回し、やみくもにシャッターを切ってカメラに収めようとした。しかし、2時間くらい続けても無駄だった。たったいま目の前に、夢にまで見た目的のアイツが飄々と舞っているというのに、追えどもまるで蜃気楼のように離れていく。時間ばかりが無駄に過ぎ、だんだん焦ってきた。昼近くになると、アリの行列の先頭は広がってしまい、ハエも分散して追いづらくなる。カメラのバッテリーの充電も尽きてきた。このままではいけない。どうしようと思ったとき、ふと私の頭のなかに、『ひょっこりひょうたん島』のドン・ガバチョが言った名言、

「どこまで行っても明日がある」

というフレーズが浮かんだ。そうだ、大切なことを忘れていた。何事も気負ってはいけないのだ。さいわい、ビバークはあきらかに数日間あの洞に居座りそうな雰囲気だった。今日がダメなら、明日またここへ来て成功させればいい。きっと明日の私がどうにかして上手い解決法を見つけてくれるだろうし、ダメならその次の日の私が解決してくれる。そう思ったら、急に

気分が楽になり、強引にことを進めようとしていたのがばからしくなってきた。いきなり愛しのハエに求婚したって、向こうは振り向いてはくれない。お友達からはじめよう。私はいっさいの邪念を捨てて無我の境地となり、アリの進軍の邪魔にならない脇に座って、もう一度落ち着いて観察してみた。この発想の転換により、私はどんな図鑑や論文でも（少なくとも私は）読んだことのない、このかたくなな「お嬢様」のハートを射止める重大なヒントを得たのである。

グンタイアリの行列の頭は、下草（森の地面に生える草）の多い茂みに差しかかると、こぞって下草を登りはじめる。アリの進軍を恐れて草葉の上に避難した小動物を追い立てて、地面に落とすためだ。そこへ来て、くだんのメバエは、地表近くを飛んでいる間はほぼランダムに行動し、地面にゴキブリがいても攻撃を仕掛ける様子をいっこうに見せなかった。ところが、下草を登るアリの行列を見つけた途端、メバエはすぐそこへやってきて、下草の周囲、とくに葉の裏側を執拗に調べるように飛び回った。そして、体長1センチメートル前後（大きすぎるとダメ）の小型のゴキブリが止まっているのを見つけるや、まるで透明な糸で吊されているかのようにピタッと空中にホバリングした。数秒間そうして獲物に狙いを定めたのち、1回後ろに少し下がってから一気に高速で突撃し、ゴキブリにパァンと体当たりしたのだ［図5-15］。一度攻撃に成功したメバエは、同じ獲物を2回以上は攻撃せず、すぐ飛び去ってしまうのだっ

図5-15 ハラボソメバエ *Stylogaster* sp.がゴキブリに突撃する瞬間(ペルー). 全身が写らず……

た。その一連の流れを目の当たりにした私の灰色の脳細胞は、彼女を攻略する最適解をたちどころに導き出した。

私はアリの行列に沿って先頭から戻りつつ歩き、アリを恐れて下草にしがみついているゴキブリを探し出した。ゴキブリを見つけたら止まっている葉ごとちぎって採り、私はすぐ行列の先頭へ戻った(この状態のゴキブリは恐怖で硬直しており、葉から逃げようとしない)。そして、いまアリが這い登っている下草のそばに、ゴキブリが乗った葉を手で持って差し出し続けた。しゃがんでしまうとズボンからアリが体に登ってきて刺すので、中腰のままじっと動かず、ひたすら待った。すると、やがてメバエが飛来し、舐めるように下草を見て回りはじめた。私が持った葉に差しかかったハエは、その上のゴキブリに気づいてピタッと狙いを定めたのだ! ゴキブリから4、5センチメートル

図5-16 見事こちらの術中にはまったハラボソメバエ(ペルー). ハエの専門書をいくつか読んだが, 獲物を探して飛んでいる最中のこのハエを真横から写した写真はあまり載っていない

ほど離れた空中でホバリングし、しっかりゴキブリを見つめている。面白いことに、そこで私がゆっくり葉を揺り動かすと、ハエもそれに合わせてピッタリと付いてくるではないか。完全に、こちらの手の動きと同調している。くわえて、こちらが手を揺らしている間はいつまでも一緒に手に付いてきて、いつまでも狙いが定まらず攻撃もできずにいるのだ。こちらの術中にはまったハエは、完全にゴキブリしか見ておらず、至近までカメラを近づけても逃げない。こうして、私はあれほど苦労したメバエの撮影に、あっさり成功したのだった［図5-16、17］。

その翌日も翌々日も、私は現地滞在中、毎朝1時間歩いてグンタイアリのところへ行った。そして、濁流のような人食いアリの群れのなかにたたずみ、ハエやアリドリと一緒の時間を過ごすのが日課となった。手を伸ばせば触れそうな距離で、アリドリが不思議そう

図5-17 アリの行列脇で偶然1度だけ見た，交尾中のハラボソメバエ（ペルー）．活動時間中のこのハエが宙に浮かんでいない瞬間は珍しい

な顔で見つめるなか、私は自在にメバエを操った。ジグザグ飛行させたりクルクル回したりして遊んだ。ここ数年間、森の生き物たちと過ごしたなかでも最高の楽しさだった。日本から地球の裏側まで、たかだかハエ1匹のためにさんざんな思いをしてまで出かける奴は、バカかもしれない。でも、やっている本人は、それが楽しくてしょうがないのである。ペルーアマゾンの森の奥で生まれた、不思議で獰猛な肉食軍団。そして、それを巧みに懐柔して使い倒すためだけに進化した、もっと不思議で愉快なドロボウたち。こんな意味のわからない連中を創造したインカ神話の神々を想い、私はひとりジャングルのなかで祈りを捧げた。

そういえば、ペルーに観光に行く日本人は、マチュピチュ遺跡にかならず行くらしい。リマの空港の入国審査場ですれ違った日本人観光客らは、どれも判で押したようにマチュピチュマチュピチュとしか言っていなかった。我々は2度もペルーに行ったが、マチュピチュなんて一度も行かずじまいだった。何人もの日本人から、「ペルーまで行って何でマチュピチュに行かなかったの!?」と怒られたが、どうせグンタイアリもメバエもいない観光地なんて行く価値もない。

コラム●混沌を切り裂く破滅の秒針

今回、私がハラボソメバエの撮影に首尾よく成功したのは、ひとえに「彼女」らの獲物に対する異常なまでの執拗さによるところが大きい。このハエがゴキブリを狙う様子を観察していて驚いたのは、そのギブアップタイム（捕食者が獲物に狙いを定めてから、結局捕獲に手間取ってその獲物をあきらめるまでの時間）の長さだ。私が片手間に測った限りでは、手に持ったゴキブリを動かしている間、あるメバエの個体は少なくとも20秒間はゴキブリから目を離さずにホバリングし続けていた。面白いことに、私がずっと手を動かしてメバエに狙いを定められないようにし続けると、やがてメバエはホバリングしながらゴキブリの周囲を旋回しはじめるのだ。常にゴキブリのいる方向に顔を向けて、まるで時計の針が回るように円の軌跡を描きつつ飛び回る動きをした。

私は、自然状態で下草にしがみつくゴキブリを狙うメバエも、この行動をとるのを確認している。そのときのゴキブリは、手前で葉が複雑に入り組んだ下草にしがみついており、メバエはなかなか攻撃に踏み切れずにいた。離れた距離から一直線に体当たりする戦法しか持たないメバエは、ゴキブリと自身との間に何か少しでも遮蔽物があると、それだけで攻撃を思いとどまってしまうのだ。ところが、しばらく空中の1点に留まりながらゴキブリを見つめていたメバエは、突然あの「時計の針」の飛び方をはじめた。ゴキブリから一定の距離、一定の高度を正確に保ちつつ、ゴキブリを中心にクルクルと回りはじめたのだ。すると、そのフラフラしたハエの動きを嫌がったゴキブリが、それまで止まっていた葉の反対側に回って避難した。だが、こちら側には遮蔽物がなかった。そこで、ハエは素早く葉の反対側に回り込み、一瞬にしてゴキブリを葉から叩き落としたのだった。

先にも述べたが、このハエの持つ寄生戦略は、自身の子孫の大部分を死に追いやりかねないものである。だから、このハエは獲物に対して尋常ならざる執着をしめし、見つけた獲物は一匹でも多く、そして何としても産卵せねば気がすまないのだろう。私が観察した限り、ハエは見つけたゴキブリに対していきなり「時計の針」の動きをせず、一定時間攻撃ができない状態が続くとはじめるようだった。もしふたたび南米を訪れる機会があったら、ストップウォッチを持参したい。そして、ハエがゴキブリを狙うのをひたすら邪魔し続け、いったい何秒間、いや何分間までならあきらめずにいられるかを測ってやるのだ。わかったところで、別になんにもならないし、誰も得をしないことなのだが。

熊楠になりたい

4人目の奇人

この本を書いている矢先に、また公募の落選通知が来た。職が得られず先が見えないなか、境遇を同じくする世の若手研究者たちは、いったいどうやって自我を保っているのだろうか。

「末は博士か大臣か」などと謳われたのは、ゴミアシナガサシガメ *Myiophanes tipulina* [図5-18] がまだ普通に日本の納屋で見つかったころの話だ。日本では現在、過去の国の愚策(ポスドク1万人計画などのワードで各自調べられたい)により博士が増えすぎ、博士の価値が相対

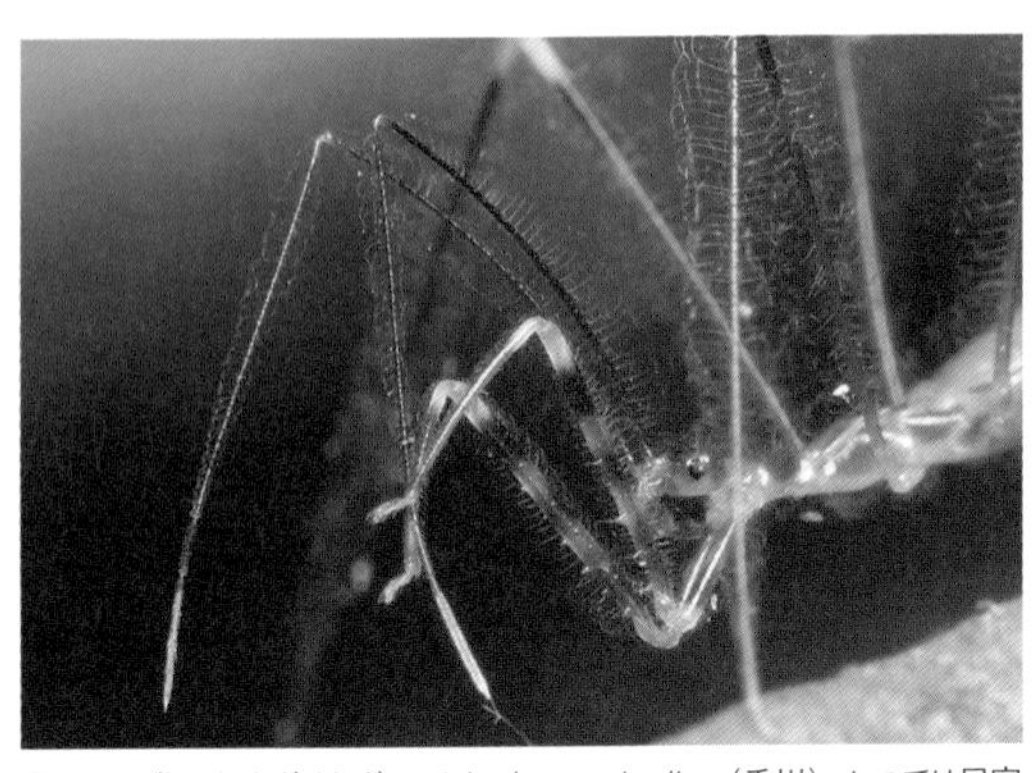

図5-18 ゴミアシナガサシガメ *Myiophanes tipulina*（香川）. かつては民家周辺で見られた虫. いまでは数年おきにしか発見されない絶滅危惧種. 確実にいる場所が, もう日本にはない

的に下がってしまった。そして就職口もなくなった。私はもう三十路だが、いまだに親や親戚から「お前は将来何になるんだ」と言われ続けている。ここ5年くらい、実家に帰るたびに出る話題はそればかり。親も定年をむかえる今日この頃、定職に就けずにいる私を、少なくとも身内だけは憂えている。さいわい、数年来出し続けていた日本学術振興会の特別研究員PDに、奇跡的に来年度から採用されることが決まり、少なくともあと3年間は研究が続けられそうだ。しかし、その期間が終わった後はどうなるのか、まったくわからない。

私の家系には、これまで研究者になった人間が一人もいない。大学で博士号をとって「学者モドキ」にまでなったのは、私がはじめてなのだ。一族の者たちはみな、博士という生き方がよく理解できていない。研究者になった身内を、どう扱えばいいのかがわからないでいる。だから親戚は「そんな遊びはさっさとやめて、サラリーマンにでもなれや」と平気で言う。冗談じゃない。博士号は首からぶら下げて田舎の親類に見せびらかすための勲章ではない。研究を本職にして食っていくための通行手形なのだ。ゴールなどではない。ようやくこれで研究者としての表舞台に立つ権利を得たに過ぎない。周囲に迷惑や苦労をかけているのは重々理解しているし、返す言葉もない。だが、ここで夢を奪い取られたなら、幼いころにあなたがた大人たちから「偉くなって好きなことをして生きたいなら勉強しろ」と言われ、赤鉛筆で頭をひっぱたかれて泣きながら勉強し続けてきた私の人生が何も報われない。

私だってみすみすこんなところで甘んじてくたばるつもりは毛頭ない。アリノスシジミだって、凶暴なアリがひしめく地獄の釜のなかから、まがまがしい翅を広げて飛び立つのだ。私のそばには、人はいなくてもムシはいつだっていた。だから、生きていく術はすべてムシから教わったではないか。ときにはアリヅカコオロギのように頭（こうべ）を垂れつつ舌を出し、ムクゲキノコムシ［図5-19］のように力ある者の懐に滑り込み、フサヒゲサシガメのように詭弁で丸め込み、クロコバエ［図5-20］のようにつかの間の栄光を掴み取るのだ。ムシだってそうやって生きているのだから、私だってきっと生きていけるに違いないのだ。研究者たるもの、ただ生き残るだけではダメである。何かを残さんとして、私はここにいるのである。

周囲の知人が一人、また一人と就職していくなか、私は中島敦の『山月記』の李徴よろしく、

図5-19 ムクゲキノコムシの一種（ボルネオ）. オオズアリ *Pheidole* sp.の巣内にいて, 微小な体でアリの体に張り付く. アジアでこの類の甲虫がアリ巣内から見つかるのは稀

図5-20 クロコバエの一種 *Milichiidae* sp.（マレー）. 樹上性のシリアゲアリ *Crematogaster* sp.巣口で, アリ同士が口移し給餌するのを待つ. 給餌しはじめると, 素早く間に割り込み餌を奪う

いよいよ焦燥に駆られていく。そのたびに、私はこの世で敬愛する数少ない偉人、ウォーレス Alfred Russel Wallace と南方熊楠（みなかたくまぐす）を思い出す。私は人生のなかでもかなり最近にこの人らの存在を知ったのだが、その生い立ちを調べていくと、いずれも偶然ながらじつに私そっくりなのだ。

ウォーレスは、ダーウィンと並んで進化論の発展に寄与した生物学者で、東南アジアの生物相の解明にも大いに貢献した。東南アジアに生息する昆虫や小動物には、彼にちなんでウォーレス（ワラス）の名を冠するものがたくさんいる。それよりも何よりも、彼は大変な虫マニアだったことで知られている。彼がはじめてニューギニアのジャングルでトリバネアゲハを採ったとき、興奮のあまり熱を出して倒れてしまい、しばらく虫採りに行けなかったらしい（松香、20

01など）。私のよく知っている誰かさんも、はじめてのマレーシアで似たような目に遭わなかったか？

粘菌や植物の研究で有名な南方熊楠もすごい。幼いころ、けっして裕福ではない金物屋*（かつては栄えていたらしい）に生まれた彼は、家にあった反古紙（ほごがみ）（鍋や釜を包むためにとってあった書き損じの紙）の文字や絵に親しみ、また人から借りた難しい書物を書き写したりして勉強した。私も、幼いころには解読可能な書物は、絵ばかりで字の少ない図鑑だけだった。だから、分厚い昆虫図鑑を親に図書館で借りてきてもらい、薄紙でその絵を写しては覚えた。その結果、ほかのことはともかく虫の名前に関してだけは、当時の子供としては異常なほど博識になってしまった。当時持っていた図鑑のなかの、アリヅカコオロギに関する記述や図版は、いまでもかなり正確にその内容を記憶している。

大学（大学予備門）入学後も、学校の授業そっちのけで生き物の標本採集に明け暮れ、親に迷惑をかける熊楠のダメ人間ぶりなど、まさに私そのものではないか。彼はやがて自分の家のすぐ庭先で、新種の粘菌ミナカタホコリ *Minakatella longifolia* まで見つけ出す（ただし記載し

*単行本執筆当時こう認識していたが、実は熊楠の幼少期も実家はとても財力があったらしい。境遇を彼に重ねるつもりだったが、裕福でないのは私の方だけであった。

たのは彼自身ではない)。私だって、大学の裏山で未知の微小なハエやハチをいくらでも見つけ出した。私にとって、ここまで自分を投影できる人生を送った他人はそうそういない。そのくせ、猥談好きだったり、自宅や庭で服も下着も着けずに生活したりと、奇行の限りを尽くした剛の者でもあった(水木、1996)。

熊楠に関する有名なエピソードに、神社合祀反対運動が挙げられる。古くから神域として大切に保存されてきた裏山の神社「鎮守の森」は、多くの小さな生き物たちにとってかけがえのない住処にもなっていることを、彼はこの時代にあってすでに知っていた。国が神社の数を減らす政策を打ちだし、鎮守の森が破壊されることに怒りをおぼえた彼は、警察に一時捕まって監獄にぶち込まれながらもこの政策に抗議しつづけた。驚くべきことに、彼はその監獄のなかでさえ部屋の柱に粘菌を発見し、出所する際に記念として持ち帰ったらしい(南方、1989：水木、1996)。「自然を守る」(本当はこの表現は好きでない)という概念がいまほど発達していなかったこの時代に、誰も見向きもしない、存在すら知られていない粘菌や地味な植物が生える場所を壊すなと叫べた彼を、心からカッコいいと思う。これをカッコいいと呼ばずして、何を呼ぶのか。個人的には、40歳前後まで結婚できなかった(水木、1996)というあたりに、ものすごい親近感を覚える。

ウォーレスも熊楠も、ともに豊かでない家の出身だったし、生涯を通じて定職らしきものにも就かなかった。それでも、学術誌の最高峰ネイチャーにいくつも論文を載せ、熊楠に至ってはその本数は日本人最多の座を守り続けているという。しかも熊楠の場合、その論文のほとんどは天文（Minakata, 1893 など）など、彼の専門分野とは畑違いのものだったらしい。それがなおさらすごい。私のような先行きの見えない若手研究者にとって、彼らの存在、生きざまは大いに励みになる。かならずしもどこかの組織に属さずとも、きっと研究は続けていけることを、彼らの生涯は我々に示してくれている。当時といまとでは時代が違うし、相応の精神力も必要だが、これからの人生設計の選択肢のなかにこういう生き方も私は含めたい。どのみち、私みたいな人間を雇う企業や団体がこの国にあるなど、期待すること自体がすでにばかばかしく思えはじめている。

インターネットで熊楠のことを調べていて知ったが、彼は近代日本の三奇人というものの一人に数えられるらしい。はたして私は４人目の奇人になれるだろうか。

＊南方熊楠の生涯に関しては、南方熊楠顕彰館のホームページ内コンテンツ「世界を駆けた博物学者　南方熊楠」(https://www.minakata.org/minakatakumagusu) を参照した。

あとがき

この本は「裏山の奇人」と題するように、身近な裏山にいる生き物の話に相当数のページを割いた。私の主要な研究対象はアリヅカコオロギだが、どちらかといえば裏山にすむノミバエ、ケカゲロウその他、裏山の虫たちの話に入魂して書いたと思う（もちろん、アリヅカコオロギもまた裏山にすむ虫の一つではあるのだが）。

私が13年間住んだ長野の裏山を舞台に、多大な労力と時間をかけてその生態を調べ上げたこれらの虫たちは、一貫して共通した特徴を持つ。読者のなかには気づいている者もいるかもしれないが、これらはいずれも、直接的にはまったく人類の役に立たない虫であるということだ。いくらシロアリを暴食するからといって、ケカゲロウがシロアリ駆除に使えるだろうか。使えないだろう。あんな数が少なく、養殖もできないもの、どうやったって人間にとって都合のいい道具にはならない。カイガラムシの尻にしゃぶり付く毛虫がいることを見つけたところで、筋肉少女帯が歌うところの、「死んだ恋人は生き返らないし、日本がインドに変わるわけでもない」。そんな無駄な研究やっても意味がないだろう、どうして花実が咲くものかと思う読者はいるはずで、実際そのようなことを面と向かって人から言われることもある。しかし、そんな問いを投げ掛けられたとき、私の心のなかにいつもあるのは、中学校の英語の授業で習った昔話「ソロモン王とミツバチ」である。ややうろ覚えだが、大筋で以下のような内容だったはずである。

その人柄と聡明さで国民から慕われていた一国の王ソロモンは、すべての動物たちと会話することができた。ある日、王の部屋に1匹のミツバチが迷い込み、王はそれを外へ逃がしてやった。「このお礼はかならずします！」というミツバチに「別にお前みたいな小虫ごときから、見返りなんて望まない」と言った王だったが、その直後に隣国から謁見に来ていたシヴァ女王から、思わぬ難問を突きつけられる。嫉妬深いシヴァは、国民から愛されているソロモンが気に入らず、数日前から謁見と称してやってきて王に難しいなぞなぞをいくつもふっかけた。それらが解けないさまを国民にさらし、ソロモンに恥をかかせるのが女王の目的だったが、賢い王はすべてのなぞなぞを解いた。そこで最後の手段として、女王は密かに自国の匠（たくみ）に作らせた精巧なバラの造花99本に本物を1本だけ交ぜた花束を持参し、その中から一発で本物を当てろと言ってきた。困ったのはソロモンで、他のどんな難問も簡単に解いた彼でも、これはどうしようもなかった。造花の作りはあまりにも精巧で、全部同じに見えた。いよいよ万事休すと思った刹那、王はその花束のなかに、さっき助けたあのミツバチが紛れているのを見つけた。周囲の人間はみなそれに気づいていない。ミツバチには本物の花がわかるので、王はミツバチの動きを見て、見事一発で本物を引き当てることができた。無事にことがすんだ後、王は「なんと自分はおごり高ぶっていたことか。どんなちっぽけで無力に見える存在であっても、誰かを助ける大いなる力を持っているのだ」と、それまで腹の内に秘めていた、小さな存在を軽んじる心を戒めた。

いまの私には、ソロモンの気持ちがよくわかる。私が裏山で調べた小虫・羽虫の類は、それ自体は取るに足りない存在である。しかし、材料はどうあれ研究者の本分は、研究して論文を書くことだ。私は、それらの小虫の観察日記をことごとく論文なり書物なりにして世に送り出し、自らの業績としてきた。その結果として、私は世間で研究者として一定の評価を受け、まがりなりにも研究者を自称できる身分で生きていられている。言ってみるなら、小虫たちがそばにいてくれたからこそ、私はいま生きているのだ。ケカゲロウは人類の役には立たないが、私の役には立っている。ノミバエもヒトリガもケカゲロウも、1人の無名無職の若手研究者の命を、その小さき翼で包み込み、救ってくれた、心優しき偉大なエンジェルたちだ。そんな虫たちの研究を、どうして無駄な戯れ事だとしてやめられようか。蔑めようか。

最近、国内外で「科学」という言葉の重みをないがしろにするような出来事が頻発している。それらはいまの時代が金だとか出世欲だとか、そういうものを科学に求める気運が高いことが原因の一つにあるように思う。そんななか、あえて「歩いて行ける距離の場所で、極力金を使わず、人の役に立たない生き物の研究をすることに心血を注ぐ」方向性は、時代にそぐわないかもしれない。しかし、日本の科学の歴史を紐解いてみれば、そんな方向性がそぐわなくない時代がそもそもあったのか。産めよ増やせよと言われた昔の日本において、ただ「わからないことをわかりたい」という基礎科学に対する社会の目は、いま以上に冷めたものだったかもしれない。そのような状況下でも、かの熊楠は私の理想に一番近いことをやり遂げた。

研究というものに対して、二言目には意義だ成果だということを要求するのが、いまの日本である。大きな研究プロジェクトというものは、ほぼ例外なくよそから支給される資金によって行われるから、社会的に無意味な研究をやっている者には誰も投資しないのである。それはまったく当たり前のことであり、私とて研究者として生きていく限りは、そのわだちから外れることは叶わない。私はこのあとがきを書いている時点で、国から任命された「日本学術振興会の特別研究員」という立場にある。その研究のテーマは、もちろんアリヅカコオロギに関することだ。国からお金をもらって行う研究である以上、この研究には一定の意義を掲げている。成果も出さねばならない。「そんなことをやっても意味がない」の批判も、建設的なものならば受け入れる用意がある。しかし、それとは別に裏山で私が勝手にやる「役に立たない小虫の研究」は、金に頼らず、自分の手の内にあるリソースのみを使い、「わからないことを、わかりたい」好奇心それだけで行うものである。意義もへったくれもない。だから、これに対する「そんなことをやっても意味がない」という類の批判は、何人のものであろうとまったく耳を貸すつもりはない。私が、私の知識欲を満たしたくてやるのだから。そして何より、そうした研究のなかにこそ科学（science）という言葉の本来持つ重みが隠されていると、私は思うのである。

私には、裏山で解決したい謎がまだたくさんある。私がこのあとがきを書いているのは、新しいかりそめの職場がある九州だ。九州の裏山にはオオカマキリモドキ、コゾノメクラチビゴミムシ、ヒコサンアリヅカノミバエその他、幾多の謎めく虫けらが生息するが、その多くは発見の困難さに加えて、その存在自体が人間の福利厚生に何ら寄与しないものばかり。だから、この21世紀にもなってそれらの生活史はおろか、それらがいまこの世に存在しているかいないのかさえ、誰も調べない。確かめない。私は任期である向こう3年間、休日にはかならず裏山に直行し、血道を上げてこれらの謎を解明するであろう。理由は「だってこれらの虫たちのことがとても気になるから」で十分である。いずれ、新聞の地方紙面の隅っこに「コゾノメクラチビゴミムシ再発見！」の見出しが小さく載った際、夜な夜な裏山で生き物たちとの知恵比べにいそしむ男を思い出してもらえれば、恩幸、これに過ぎたるはない。

*　*

執筆にあたり、東海大学出版部の稲英史（いなひろし）さんには常に励ましをいただきました。本書の出版にあっては、本郷尚子（なおこ）さんに文章をたび重ねて校正していただきました。

指導教官だった信州大学理学部の市野隆雄教授には、研究職に就く難しさとそれを上回る楽しさ、そして何よりフィールド調査の魅力をいつも教えていただきました。裏山で変な虫が何かしているのを見たという話をすれば、真っ先に「それオモロイやん、論文書きぃ」と気軽に勧めてくださったおかげで、私は「学術論文を書く」ということを「すごくハードルの高い、大変な作業」ではない、楽しいことだと学びました。同研究室の島本晋也さん、上田昇平さん、服部充さんをはじめとするメンバーの方々には、平時の実験手法や解析法をご教示いただいたばかりか、移動手段に乏しい私のためにたびたび車を出してくださり、一緒にフィールドへ調査に行ってくださいました。また、向坂環さんは論文執筆から心細い遠方での調査にいたるまで、常に傍らで励ましてくださいました。

共同研究者である、九州大学総合研究博物館の丸山宗利先生は、私を「相棒」としてつねに海外調査に同行させてくださり、また日頃の研究活動から日常生活にいたるまで、社会で生きていくために必要な多くの常識と良識を、厳しくも温かなまなざしで教えてくださいました。

島田拓さんには、一緒にフィールドで調査に同行していただいているばかりか、写真写りの悪い私のために、いつも私の写真を撮っていただいています。樋口陽一郎さんは、国内で好蟻性生物を探す遠征の際には、いつも一文無しの私を快く家に泊めてくださり、夜遅くまで私の世界征服の夢語りに耳を傾けてくださいました。

本文中に登場する生き物に関して、岸本圭子さん（クワズイモ食ハムシ）、倉橋弘さん（鳥類寄生性クロバエ）、ハンドルネーム・Agriasさん（オオサシガメ）には、種や属の同定をしていただきました。

特殊な地域でのフィールド調査を行うにあたり、岸本年郎（としお）さん、森英章（ひであき）さんには、一般人には立ち入り困難な小笠原諸島での調査許可を取得していただきました。青山敏之さん、飯島明子さん、井川花子さん、井上恵子さん、巖（いわお）圭介さん、牛島雄一さん、エビテイコクさん、萱野（かやの）有美（ゆうみ）さん、木野村恭一さん、斎藤修司さん、櫻井優行さん、佐藤恵美子さん・歩さん・漫さん、関塚知己（ともき）さん、立川裕史（たつかわひろし）さん、田中久稔（ひさとし）さん、知久寿焼（ちくとしあき）さん、中峰空（ひろし）さん、中村知史さん、永本潤さん、林正和さん、弘岡和子さん・知樹（ともき）さん、藤本博文さん、矢野浩一さん、山口進さん、吉田攻一郎さん、吉田晴英さん、吉冨博之さんからは、南米ペルーの森に住む素敵な精霊たちに会いに行く機会を提供していただきました。

この本で紹介した大学内での研究は、以下の研究費により行われました。日本学術振興会特別研究員ＤＣ１、長野県科学振興会助成金。

両親、親族、親戚一同は、幼いころからあまりにも常識から外れた言動ばかり繰り返す私を、いつも温かく見守ってくださいました。どんなに不潔で不気味な生き物を外から連れて帰っても、たいていは目をつぶってくれたことが、どれほど将来の私が博物学者として育つことに大切だったことか。これらすべての人々に、かさねて厚く御礼申し上げます。

そして最後に、いつも通い慣れたフィールドで、どんな小説よりも奇妙で、どんなテレビドラマよりも心打つ瞬間を私だけに見せてくれた、数多の生き物たち。家族として、友達として、敵として、恋仲として、餌として、そして研究材料として、ずっと私の側に寄り添ってくれました。これからも一緒に争い、驚き、愛し合おう。フサヒゲサシガメ、いつかかならず迎えに行く。スティロガステル、いつかふたたび逢いに行く。

小松　貴

新書版　あとがき

東海大学出版会から本書『裏山の奇人』を出版したのが、2014年。あれから、もう10年も経ってしまったが、まさかそのタイミングで、この本が別の版元から新書として復刻されるとは思いもしなかった。この新書版では、図版は（オリジナルが残存しているものに関しては）全てカラー印刷となった。また、私にとって本書は既に完成し、完結した作品であり、たとえ稚拙な描写表現があろうとも今更その内容をいじり直すことを善しと思わない。そのため、原則として本書は単行本版の内容をそのまま引き継いでおり、例えば「○年前」などの表記は単行本版執筆当時のままにしたが、当時とは状況が変化した事柄などについては、必要に応じて注釈を追加した。

さて、この10年の間に、私を取り巻く状況はめまぐるしく変遷を遂げていった。まず、住処が変わった。単行本出版時、大学での研究員として九州に住んでいた私は、3年間の任期の後関東に移り、現在に至る。単行本版のあとがきで「その謎を解明してやる！」などと息巻いていたオオカマキリモドキやらコゾノメクラチビゴミムシやらの謎も、3年ぽっちでは解明できなかった。任期などという下らない決まりに縛られていたら、裏山の謎解きなどどだいムリなのだ。だから、私は就職活動というもののために、今後一切自分の時間を費やすのをやめることにした。

それと関連して（そんなことは絶対にあり得ないことだと確信していたにもかかわらず）、結婚して家庭を持った。いまは亡きバアサンの予言とは違い、相手は切れ長の瞳を持つマムシみたいな奴ではなく、普通の女性であった。そして、2人の息子まで生まれた。たった今、時空の歪みに滑り込んで10年前にタイムスリップし、あの時の自分に「お前、あと10年で所帯持ちやぞ」などと言ったところで、あいつは私を「酔った虎」としか思わぬに違いない。そうだろう、俺。

妻は私を理解し、「コマツは組織に飼われちゃ絶対ダメや。自由にやり。私が養っちゃる」と言ってくれる。そのお陰で、私は相変わらず自由に裏山で生き物達との逢瀬、もとい骨肉の争いを繰り広げることができている。ただ、この数年間というもの、かの忌まわしい疫病禍により遠方への移動ができなくなる事態に見舞われていた。幼子の育児にも奔走していたため、私は「研究をして論文を書く」という営みからしばらく離れていた。そろそろ、本業復帰と洒落込もうではないか。折しも、つい最近、私の居住区付近で、幻のアカオニミツギリゾウムシが多数発見されたらしい。オニミツギリゾウムシの仲間は海外の近似種（その全てが鼻血レベルの珍種）のうち、生態の判明している全種が好蟻性という特殊な甲虫の一群で、日本にいるそれも間違いなく好蟻性に他ならないのだが、過去見つかっているのは全て偶然外をほっつき歩いていた個体ばかり。未だ誰一人、アリの巣内でこれを見つけておらず、またその巣内で何をしているのかも分からないままだ。私は、この謎を尽く解明する切り札を既に思い付いている。私のウォーミングアップの相手として、お前は申し分ない。数年以内の未来で、昆虫学関係の論文に、私がその物語の全てを記していることを願う。

幻冬舎新書 734

カラー版 裏山の奇人
野にたゆたう博物学

二〇二四年七月三十日 第一刷発行

著者 小松 貴

発行人 見城 徹
編集人 小木田順子
編集者 前田香織
発行所 株式会社 幻冬舎
〒一五一―〇〇五一 東京都渋谷区千駄ヶ谷四―九―七
電話 〇三―五四一一―六二一一(編集)
〇三―五四一一―六二二二(営業)
公式HP https://www.gentosha.co.jp/
ブックデザイン 鈴木成一デザイン室
印刷・製本所 中央精版印刷株式会社

日本音楽著作権協会(出)許諾第2404361-401号

Printed in Japan ISBN978-4-344-98736-4 C0295
こ-29-1

*この本に関するご意見・ご感想は、左記アンケートフォームからお寄せください。
https://www.gentosha.co.jp/e/

引用文献

Akino, T., R. Mochizuki, M. Morimoto & R. Yamaoka, 1996. Chemical camouflage of myrmecophilous cricket Myrmecophilus sp. to be integrated with several ant species. *Japanese Journal of Applied Entomology and Zoology*, **40**: 39-46.

Als, T. D., R. Vila, N. P. Kandul, D. R. Nash, S. H. Yen, Y. F. Hsu, A. A. Mignault, J. J. Boomsma & N. E. Pierce, 2004. The evolution of alternative parasitic life histories in large blue butterflies. *Nature*, **432**: 386-390.

青森県, 2001. 青森県の希少な野生生物　青森県レッドデータブック普及版. 青森, 青森県.

Asou, N. & M. Sekiguchi, 2002. Molecular phylogenetic analysis of *Thymelicus lineola* (Lepidoptera, Hesperiidae). *Butterflies and moths: the transactions of the Lepidopterological Society of Japan*, **53**(2): 103-109.

Aspöck, U., 1986. The present state of knowledge of the family Berothidae (Neuropteroidea: Planipennia). *Recent Research in Neuropterology*. (J. Gepp., H. Aspöck. & H. Hölzel., eds), Proceedings of the 2nd International Symposium on Neuropterology in Hamburg: 87-101.

Bass, C., M. S. Williamson, C. S. Wilding, M. J. Donnelly & L. M. Field, 2007. Identification of the main malaria vectors in the *Anopheles gambiae* species complex using a TaqMan real-time PCR assay. *Malaria Journal*, **6**: 155.

Bernays, E. A., T. Hartmann & R. F. Chapman, 2004. Gustatory responsiveness to pyrrolizidine alkaloids in the Senecio specialist, *Tyria jacobaeae* (Lepidoptera, Arctiidae). *Physiological Entomology*, **29**(1): 67-72.

Brossut, R., 1976. Etude morphologique de la blatte myrmkcophile *Attaphila fungicola* Wheeler. *Insectes Sociaux*, **23**: 167-174.

Brown, B. V. & D. H. Feener Jr., 1991. Behavior and Host Location Cues of *Apocephalus paraponerae* (Diptera: Phoridae), a Parasitoid of the Giant Tropical Ant, *Paraponera clavata* (Hymenoptera: Formicidae). *Biotropica*, **23**: 182-187.

Christophers, S. R., 1960. *Aedes aegypti* (L.) the yellow fever mosquito. Cambridge University Press, London, UK.

Chua, K. B., I. L. Chua, I. E. Chua & K. H. Chua, 2004. Differential preferences of Oviposition by Aedes Mosquitos in Manmade Containers under Field Conditions. *Southeast Asian Journal of Tropical Medicine and Public Health*, **35**(3): 599-607.

Drescher, J., N. Blüthgen & H. Feldhaar, 2007. Population structure and intraspecific aggression in the invasive ant species Anoplolepis gracilipes in Malaysian Borneo. *Molecular Ecology*, **16**: 1453-1465.

Dussourd, D. E., 1997. Plant exudates trigger leaf-trenching by cabbage loopers, *Trichoplusia ni* (Noctuidae). *Oecologia*, **112**(3): 362-369.

Espadaler, X. & S. Santamaria, 2003. *Laboulbenia formicarum* Thaxt. (Ascomycota, Laboulbeniales) crosses the Atlantic. *Orsis*, **18**: 97-101.

藤山直之・白井洋一, 1998. インゲンテントウ—子ども用図鑑から見つかった侵入昆虫. インセクタリゥム, **35**: 4-9.

福井県自然環境保全調査研究会, 1999. 福井県のすぐれた自然：動物編. 福井, 福井県自然環境保全調査研究会.

Gibbons, R. V. & D. W. Vaughn, 2002. Dengue: an escalating problem. *British Medical Journal*, **324**: 1563-1566.

Goulet, H. & J. Huber, 1993. *Hymenoptera of the world: An identification guide to families*. Research Branch, Agricultural Canada Publication. Canada Communication Group-Publishing, Ottawa, Canada.

Gubler, D. J., 1998. Dengue and dengue hemorrhagic fever. *Clinical microbiology reviews*, **11**: 480-496.

行徳直巳, 1960. フサヒゲサシガメについて. 昆蟲, **28**(1): 56.

春沢圭太郎・佐野信雄, 2012. ヒゲナガケアリの巣中よりヒゲナガハナアブの幼虫を採集. はなあぶ, **34**: 60-61.

林文男, 2005. ヘビトンボ目・ラクダムシ目・アミメカゲロウ目の幼虫概説. pp. 26 *in* 志村隆 編, 日本産幼虫図鑑. 東京, 学習研究社.

Hebard, M., 1920. A revision of the North American species of the genus *Myrmecophila*. *Transactions of the American Entomological Society*, **46**: 91-111.

東正剛, 1995. 地球はアリの惑星. 東京, 平凡社.

東正剛・緒方一夫・S. D. ポーター・東典子, 2008. ヒアリの生物学　行動生態と分子基盤. 東京, 海游舎.

Hölldobler, B., 1968. Der Glanzka¨fer als "Wegelagerer" an Ameisenstrassen. *Naturwissenschaften*, **55**: 397.

Hölldobler, B., 1971. Communication between ants and their guests. *Scientific American*, **224**: 86-93.

Hölldobler, B. & E. O. Wilson, 1990. *The Ants*. Belknap Press of Harvard University, Cambridge, MA.

Hori, K., M. Iwasa & R. Ogawa, 1990. Biology of two species of the *Protocalliphora* (Diptera: Calliphoridae) in Tokachi, Hokkaido, Japan. *Applied entomology and zoology*, **25**: 475-482.

今泉吉晴, 1998. モグラの地中：森の新聞. フレーベル館, 東京.

Innis, B. L., 1995. Dengue and dengue hemorrhagic fever. *Kass handbook of infectious diseases: Exotic virus infections* (J.S. Porterfield, ed.), Chapman & Hall Medical: 103-146.

石井信夫, 1996. ヒミズとヒメヒミズ. pp. 24-25 *in* 川道武男 編. 日本動物大百科 第1巻哺乳類. 東京, 平凡社.

Ishijima, H., 1967. Revision of the third stage larvae of synanthropic flies of Japan (Diptera: Anthomyiidae, Muscidae, Calliphoridae and Sarcophagidae). *Japanese Journal of Sanitary Zoology*, **18**: 47-100.

Itino, T., & T. Itioka, 2001. Interspecific variation and ontogenetic change in antiherbivore defense in myrmecophytic *Macaranga species*. *Ecological Research*, **16**: 765-774.

Iwasa M, S. Mori, O. Furuta, T. Komatsu, T. Iida, J. Nakamori & N. Kataoka, 2008. A bird-parasitic fly, *Carnus hemapterus* Nitzsch (Diptera, Carnidae) in Japan: Avian host, infestations, and a case of human dermatitis caused by adult. *Medical*

Entomology & Zoology, **59**: 47-53.

岩田久二雄, 1974. ハチの生活(岩波科学の本). 東京, 岩波書店.

Jacobson, E., 1909. Ein Moskito als Gast und diebischer Schmarotzer der *Crematogaster difformis* Smith und eine andere schmarotzende Fliege. *Tijdschrift voor Entomologie*, **52**: 159-164.

Jacobson, E., 1911. Biological notes on the hemipteron *Ptilocerus ochraceus*. *Tijdschrift voor Entomologie*, **54**(2): 175-179

Kaneshiro, K. Y., 1997. R. C. L. Perkins' legacy to evolutionary research on Hawaiian Drosophilidae, Diptera. *Pacific Science*, **51**: 450-461.

環境省, 2012. 第4次レッドリスト(昆虫類). (http://www.env.go.jp/press/file_view.php?serial=21555&hou_id=15619)

Kato, M., A. Shibata, T. Yasui & H. Nagamasu, 1999. Impact of introduced honeybees, *Apis mellifera*, upon native bee communities in the Bonin (Ogasawara) Islands. *Researches on Population Ecology*, **41**: 217-228.

川道武男, 1996. ムササビ. pp. 78-83 in川道武男 編. 日本動物大百科第1巻哺乳類. 東京, 平凡社.

Kawazoe, K., K. Okabe, A. Kawakita & M. Kato, 2010. An alien *Sennertia mite* (Acari: Chaetodactylidae) associated with an introduced Oriental bamboo-nesting large carpenter bee (Hymenoptera: Apidae: *Xylocopa*) invading the central Honshu Island, Japan. *Entomological Science*, **13**: 303-310.

岸田泰則, 2011. ヒトリガ科. pp. 28-37 *in*岸田泰則・小林秀紀・佐々木明夫・大和田守・吉松慎一・神保宇嗣・石塚勝己・清野昭夫・柳田慶浩・枝恵太郎・四方圭一郎 編, 日本産蛾類標準図鑑2. 東京, 学習研究社.

Kistner, D. H., 1982. The social insects' bestiary. Social Insects vol. III (H.R. Hermann, ed), Academic Press: 1-244.

国立感染症研究所, 2004. デング熱. (http://idsc.nih.go.jp/idwr/kansen/k04/k04_50/k04_50.html)

小松貴, 2009a. アリの巣に住むクモ, ウスイロウラシマグモ *Phrurolithus labialis*について. Kishidaia, **95**: 13-16.

小松貴, 2009b. 野外におけるミドリバエの産卵行動. はなあぶ, **27**: 34-35.

Komatsu, T., 2014. Larvae of the Japanese termitophilous predator Isoscelipteron okamotonis (Neuroptera, Berothidae) use their mandibles and silk web to prey on termites. Insectes sociaux, **56**: 389-396.

小松貴, 2014. 長野県小谷村におけるミヤマアメイロケアリの記録. 蟻, **36**: 11-15.

小松貴・古川桂子・井坂友一, 2012. 長野県中部に侵入したタイワンタケクマバチ. New Entomologist, **61**: 63-65.

Komatsu, T. & K. Konishi, 2010. Parasitic behaviors of two ant parasitoid wasps. *Sociobiology*, **56**: 575-584.

Komatsu, T., T. Itino, 2014. Moth caterpillar solicits for homepteran honeydew. Scientific Reports 4: Article number: 3922 doi: 10. 1038/srep03922.

Komatsu, T., M. Maruyama & T. Itino, 2009. Behavioral difference between two ant cricket species in Nansei Islands: host-specialist versus host-generalist. *Insectes Sociaux*, **56**: 389-396.

Komatsu, T., M. Maruyama & T. Itino, 2010. Differences in host specificity and behavior of two ant cricket species (Orthoptera: Myrmecophilidae) in Honshu, Japan. *Journal of Entomological Science*, **45**: 227-238.

Komatsu, T., M. Maruyama & T. Itino, 2013. Nonintegrated host association of *Myrmecophilus tetramorii*, a specialist myrmecophilous ant cricket. *Psyche*, Article ID 568536.

Komatsu, T., M. Maruyama, M. Hattori & T. Itino, 2018. Morphological characteristics reflect food sources and degree of host ant specificity in four Myrmecophilus crickets. *Insectes Sociaux*, **65**: 47-57.

Komatsu, T., M. Maruyama, S. Ueda & T. Itino, 2008. mtDNA phylogeny of Japanese ant crickets (Orthoptera: Myrmecophilidae): Diversification in host specificity and habitat use. *Sociobiology*, **52**: 553-565.

小松貴・森英章・野村周平, 2012. 固有種クロサワヒゲブトアリヅカムシをアメイロアリ属の巣から採集. 昆虫ニューシリーズ, **15**: 199-204.

Komatsu, T. & S. Shimamoto, 2009. New knowledge concerning *Strongylognathus koreanus*. *Ari*, **32**: 1-3.

小松貴, 2013a. 日本産ケカゲロウに関するいくつかの生態的新知見. 月刊むし, **508**: 24-26.

小松貴, 2013b. クチナガオオアブラハラビロクロバチ. pp. 79 *in* 丸山宗利・小松貴・工藤誠也・島田拓・木野村恭一 編, アリの巣の生きもの図鑑. 神奈川, 東海大学出版会.

Komatsu, T, 2015. First record of Myrmecophilus crickets in Tsushima island (Nagasaki Prefecture, Japan). *Tettigonia,* **10**: 16-17.

コンラート・ローレンツ, 1998. ソロモンの指輪. 東京, ハヤカワ文庫.

Krushelnycky, P.D., L.L. Loope. & N.J. Reimer., 2005. Ecology, policy, and management of ants in Hawaii. *Proceedings of the Hawaiian Entomological Society*, **37**: 1-25.

久保田政雄, 2008. アリの生態ふしぎの見聞録. 東京, 技術評論社.

工藤誠也, 2013. クロシジミ. pp. 52-55 *in* 丸山宗利・小松貴・工藤誠也・島田拓・木野村恭一 編, アリの巣の生きもの図鑑. 神奈川, 東海大学出版会.

熊谷さとし・安田守, 2010. 哺乳類のフィールドサイン観察ガイド. 東京, 文一総合出版.

倉橋弘, 1997. クロバエ類. pp. 155-156 *in* 石井実・大谷剛・常喜豊 編, 日本動物大百科第9巻昆虫2. 東京, 平凡社.

Kurane, I., T. Takasaki & K. Yamada, 2000. Trends in flavivirus infections in Japan. *Emerging Infectious Diseases*, **6**: 569-571.

楠田雲居, 1964. フサヒゲサシガメを倉敷で採集. すずむし, **13**(4): 10.

Lester, P. J. & A. Tavite, 2004. Long-legged ants (*Anoplolepis gracilipes*) have invaded the Tokelau Atolls, changing the composition and dynamics of ant and invertebrate communities. *Pacific Science*, **58**: 391-402.

Letoureau, D.K., 1990. Code of ant-plant mutualism broken by parasite. *Science*, **248**: 215-217.

Lewis, T., J. M. Cherrett, I. Haines, J. B. Haines & P. L. Mathias, 1976. The crazy ant

(*Anoplolepis longipes* (Jerd.) (Hymenoptera, Formicidae)) in Seychelles, and its chemical control. *Bulletin of Entomological Research*, **66**: 97-111.

Lowe, S., M. Browne, S. Boudjelas & M. De Poorter, 2000. *100 of the world's worst invasive alien species. A selection from the Global Invasive Species Database*. The IUCN Invasive Species Specialist Group (ISSG), Auckland, CA.

前田泰生, 1997. メバエ類. pp. 135 *in* 石井実・大谷剛・常喜豊 編, 日本動物大百科第9巻昆虫2. 東京, 平凡社.

毎日新聞社松本支部, 1975. しなの動物記—野生を追って 滅びゆく野生の保護は無言の愛から. 長野, 信濃路.

間野隆裕, 2012. タイワンタケクマバチ. pp. 111 *in* 愛知県環境部自然環境課 編, ブルーデータブックあいち2012. 愛知, 愛知県.

Maruyama, M., 2004. Four New Species of *Myrmecophilus* (Orthoptera, Myrmecophilidae) from Japan. *Bulletin of the National Science Museum Series A, Zoology*, **30**: 37-44.

丸山宗利, 2006. アリヅカコオロギ科. pp. 490-492 *in* 日本直翅目学会 編, バッタ・コオロギ・キリギリス大図鑑. 北海道, 北海道大学出版会.

松香宏隆, 1988. "ゆたんぽ"のからくり:アリノスシジミ. やどりが, **135**: 2-12.

松香宏隆, 2001. トリバネチョウ生態図鑑. 松香出版(自費出版物).

松本むしの会, 1982. ガイドブック信州の昆虫. 長野, 松本むしの会.

松浦一郎, 1990. 虫はなぜ鳴く—虫の音の科学. 東京, 文一総合出版.

Matsuura, K., C. Tanaka & T. Nishida 2000. Symbiosis of a termite and a sclerotium-forming fungus: Sclerotia mimic termite eggs. *Ecological Research*, **15**: 405-414.

Minakata, K., 1893. The constellations of the Far East. Nature, **48**: 541-543.

南方熊楠, 1989. 南方熊楠日記月報4. 東京, 八坂書房.

宮城一郎, 1977. 南大東島の蚊について. 衛生動物, **28**: 245-247.

Miyagi, H., 1981. Malaya leei (Wharton) feeding on ants in Papua New Guinea : Diptera : Culicidae. *The Japan Society of Medical Entomology and Zoology*, **32**(4): 332-333.

宮崎学, 2010. となりのツキノワグマ. 東京, 新樹社.

水木しげる, 1996. 猫楠—南方熊楠の生涯. 東京, 角川書店.

桃井節也, 2003. あるナチュラリストの覚書. 東京, 文芸社.

Monath, T. P., 1994. Dengue: the risk to developed and developing countries. *Proceedings of the National Academy of Sciences of the USA*, **91**: 2395-2400.

Morrison, A. C., K. Gray, A. Getis, H. Astete, M. Sihuincha, D. Focks, D. Watts, J. D. Stancil, J. G. Olson, P. Blair & T. W. Scott, 2004. Temporal and geographic patterns of *Aedes aegypti* (Diptera: Culicidae) production in Iquitos, Peru. *Journal of Medical Entomology*, **41**: 1123-42.

村山茂樹, 2007. ツマグロキンバエの産卵行動の記録. はなあぶ, **24**: 57-58.

中島福男, 1993. 森の珍獣ヤマネ—冬眠の謎を探る (信州の自然誌). 長野, 信濃毎日新聞社.

Nakatani, Y, T. Komatsu, T. Itino, U. Shimizu-kaya, T. Itioka., R. Hashim & S. Ueda, 2013. New *Pilophorus* species associated with Macaranga trees from Malay Peninsula and Borneo (Heteroptera: Miridae: Phylinae). *Tijdschrift voor*

entomologie, in press.

日本蟻類研究会, 1991. 日本産アリ類の検索と解説2 カタアリ亜科, ヤマアリ亜科. 東京, 日本蟻類研究会.

日本蟻類研究会, 1992. 日本産アリ類の検索と解説3 フタフシアリ亜科, ムカシアリ亜科(補追). 東京, 日本蟻類研究会.

日本生態学会, 2008. 野外安全マニュアル. (http://www.esj.ne.jp/safety/manual/020-010.html)

Nomura, S., 2001. Descriptions of two new species of the clavigerine genus *Articerodes* (Coleoptera, Staphylinidae, Pselaphinae) from the Ogasawara Islands, Japan. *Elytra*, **29**: 343-351.

野中健一, 2007. 虫食む人々の暮らし. 東京, NHK出版.

小田英智・小川宏, 1996. カリバチ観察事典 (自然の観察事典). 東京, 偕成社.

O'Dowd, D. J., P. T. Green, & P. S. Lake, 2003. Invasional 'meltdown' on an oceanic island. *Ecology Letters*, **6**: 812-817.

Okubo, T., M. Yago, & T. Itioka, 2009. Immature stages and biology of Bornean *Arhopala* butterflies (Lepidoptera, Lycaenidae) feeding on myrmecophytic *Macaranga. Transactions of the Lepidopterological Society of Japan*, **60**: 37-51.

奥本大三郎, 1985. 珍虫と奇虫(小学館の学習百科図鑑46). 東京, 小学館.

奥本大三郎, 1991. ファーブル昆虫記2 狩りをするハチ. 東京, 集英社.

Peters, J.A., 1960. The snakes of the subfamily Dipsadinae. *Miscellaneous Papers of the Museum of Zoology, University of Michigan*, **114**: 1-224.

Princis, K., 1960. Zur systematik der Blattarien. *Eos*, **36**: 427-449.

Quek, S.P., S.J. Davies., T. Itino. & N.E. Pierce., 2004. Codiversification in an ant-plant mutualism: stem texture and the evolution of host use in *Crematogaster* (Formicidae: Myrmicinae) inhabitants of *Macaranga* (Euphorbiaceae). *Evolution*, **58**: 554–570

Ranjit, S. & N. Kissoon, 2010. Dengue hemorrhagic fever and shock syndromes. *Pediatric Critical Care Medicine*, **12**(1): 90-100.

Reimer, N., J.W. Beardsley. & G. Jahn., 1990. Pest ants in the Hawaiian Islands. *Applied Myrmecology: A World Perspective* (R. K. Vander Meer, K. Jaffe, & A. Cedena, eds.), Westview Press: 40-50.

Rettenmeyer, C. W., 1961. Observations on the biology and taxonomy of flies found over swarm raids of army ants (Diptera: Tachinidae, Conopidae). *University of Kansas Science Bulletin*, **42**: 993-1066.

Rigau-Perez, J. G., D. J. Gubler, A. V. Vorndam & G. G. Clark, 1997. Dengue: a literature review and case study of travelers from the United States, 1986-1994. *Journal of Travel Medicine*, **4**: 65-71.

Rodenhuis-Zybert, I. A., J. Wilschut & J. M. Smit, 2010. Dengue virus life cycle: viral and host factors modulating infectivity. *Cellular and Molecular Life Science*, **67**: 2773-2786.

Roth, L. M., 1995. *Pseudoanaplectinia yumotoi*, a new ovoviviparous myrmecophilous cockroach genus and species from Sarawak (Blattaria: Blattellidae; Blattellinae). Psyche, **102**: 79-88.

Roth, L. M. & E. R. Willis, 1960. The biotic associations of cockroaches. *Smithsonian Miscellaneous Collections*, **141**: 470.

Rotheray, G. E. & F. S. Gilbert, 1989. The phylogeny and systematics of European predacious Syrphidae (Diptera) based on larval and puparial stages. *Zoological Journal of the Linnean Society*, **95**: 29–70.

酒井春彦・寺山守, 1995. アリヅカコオロギの寄主および生活史の記録. 蟻, **19**: 2-5.

坂本洋典, 小松貴, 高井孝太郎, 2013. ニセアカシア倒木樹皮下で越冬するニホンアマガエル観察例. 爬虫両棲類学会報「スガリ」**2**: 131-132.

Saunders, W. E., 1916. European butterfly found at London, Ontario. *Ottawa Naturalist*, **30**: 116.

Savino, D. F., C. E. Margo, E. D. McCoy & F. E. Friedl, 1986. Dermal myiasis of the eye lid. *Ophthalmology*, **93**: 1225-1227.

関本茂行, 2008. ケカゲロウ. pp. 240 *in* 平嶋義宏・森本桂 編, 新訂原色昆虫大図鑑第3巻. 東京, 北隆館.

Sheehan, W., 1986. Response by generalist and specialist natural enemies to agroecosystem diversification: a selective review. *Environmental Entomology*, **15**(3): 456-461.

清水晃, 2008. クモバチ(ベッコウバチ)科. pp. 563-573 *in* 平嶋義宏・森本桂 編, 新訂原色昆虫大図鑑第3巻. 東京, 北隆館.

Shimoyama, R., 1999. Interspecific interactions between two Japanese pond frogs, Rana porosa brevipoda and Rana nigromaculata. *Japanese Journal of Herpetology*, **18**: 7-15.

篠永哲, 1970. 対馬産有弁類ハエ類. 国立科博専報, **3**: 237-250.

白井洋一, 2002. インゲンテントウ―長野・山梨の高原地帯に留まるか? pp. 137 *in* 日本生態学会 編, 外来種ハンドブック. 東京, 地人書館.

Skelley, P. E., 2007. Generic limits of the Rhyparini with respect to the genus *Termitodius* Wasmann, 1894 (Coleoptera: Scarabaeidae: Aphodiinae). *Insecta mundi*, **0009**: 1-9.

Smith, K. G. V., 1967. The biology and taxonomy of the genus *Stylogaster* Macquart, 1835 (Diptera: Conopidae, Stylogasterinae) in the Ethiopian and Malagasy regions. *Transactions of the Royal Entomological Society of London*, **199**: 47-69.

Smith, K. G. V. & B. V. Peterson, 1987. Conopidae. *Manual of Nearctic Diptera*. Vol. II (J. F. McAlpine, B. V. Petrtson, G. E. Shewell, H. J. Teskey, J. R. Vockeroth & D. M. Wood, eds.), *Research Branch*: 749-756.

Southwood, T. R. E., G. Murdie, M. Yasuno, R. J. Tonn & P. M. Reader, 1972. Studies on the life budget of *Aedes aegypti* in Wat Samphaya, Bangkok, Thailand. *Bull World Health Organ*, **46**: 211-226.

Speight, M. C. D., 1976. The Puparium of *Chrysotoxum festivum* (L.) (Diptera: Syrphidae). *Entomologist's record and journal of variation*, **88**: 51-52.

Stegmann, U. E., H. P. Z. A. Kessler, M. M. Sofian, M. Bin Lakim & K. E. Linsenmair, 1998. Natural history of the treehopper *Gigantorhabdus enderleini*. *Malayan Nature Journal*, **52**: 241-249.

Sugiura, S., K. Yamazaki & H. Masuya, 2010. Incidence of infection of carabid beetles (Coleoptera: Carabidae) by laboulbenialean fungi in different habitats. *European Journal of Entomology*, **107**: 73-79.

Sunamura, E., S. Hatsumi, S. Karino, K. Nishisue, M. Terayama, O. Kitade & S. Tatsuki, 2009. Four mutually incompatible Argentine ant supercolonies in Japan: inferring invasion history of introduced Argentine ants from their social structure. *Biological Invasions*, **11**(10): 2329-2339.

鈴木正親, 1985. かりをするハチ(カラー版自然と科学 52). 東京, 岩崎書店.

田中忠次, 1979. Order NEUROPTERA 脈翅目. pp. 122-126 *in* 富山県昆虫研究会 編, 富山県の昆虫. 富山, 富山県昆虫研究会.

たねむらひろし, 1987. カエルのコーラス—たんぼのコンサート(生き生き動物の国). 東京, 誠文堂新光社.

Tauber, C. A. & M. J. Tauber, 1968. *Lomamyia latipennis* (Neuroptera: Berothidae) life history and larval descriptions. *Canadian Entomologist*, **100**: 623-629.

Terayama, M., M. Kubota, H. Karube, & K. Matsumoto, 2011. Formicidae (Insecta: Hymenoptera) from the Island of Minami-iwo-to, the volcano islands, with description of two new species. *Bulletin of the Kanagawa Prefectural Museum: Natural Science*, **40**: 75-80.

寺山守・久保田敏, 2002. 東京都のアリ. 蟻, **26**: 1-32.

寺山守・丸山宗利, 2007. 日本産好蟻性動物仮目録. 蟻, **30**: 1-37.

Thomas, M. L., K. Becker, K. Abbott & H. Feldhaar, 2010. Supercolony mosaics: two different invasions by the yellow crazy ant, *Anoplolepis gracilipes*, on on Christmas Island, Indian Ocean. *Biological Invasions*, **12**: 677-687.

栃木県立博物館, 2005. レッドデータブックとちぎ2005. 栃木, 栃木県林務部自然環境課.

塚口茂彦, 1997. 日本産脈翅類科名表. pp. 16-17 *in* 石井実・大谷剛・常喜豊 編, 日本動物大百科第9巻昆虫2. 東京, 平凡社.

塚本珪一, 1994. 日本糞虫記—フン虫からみた列島の自然. 東京, 青土社.

海野和男, 1999. 大昆虫記 熱帯雨林編. 東京, データハウス.

海野和男, 2007. 海野和男 昆虫擬態の観察日記(知りたい! サイエンス). 東京, 技術評論社.

Vet, LEM. & M. Dicke., 1992. Ecology of infochemical use by natural enemies in a tritrophic context. *Annual Review of Entomology*, **37**: 141-172.

渡辺昭彦, 2001. 岡山県内で採集された注目すべき昆虫. すずむし, **136**: 82.

Wetterer, J. K., 2008. Worldwide spread of the longhorn crazy ant, *Paratrechina longicornis* (Hymenoptera: Formicidae). *Myrmecological News*, **11**: 137-149.

Wetterer J. K. & S. Hugel, 2008. Worldwide spread of the ant cricket *Myrmecophilus americanus*, a symbiont of the longhorn crazy ant, *Paratrechina longicornis*. *Sociobiology*, **52**: 157-165.

Wharton, R. H., 1947. Notes on Australian mosquitoes (Diptera, Culicidae). Part VII. *Proceedings of The Linnean Society of New South Wales*, **72**: 58-68.

Wheeler, W. M., 1900. A new myrmecophile from the mushroom gardens of the Texan leaf-cutting ant. *The American Naturalist*, **34**: 851-862.

Wheeler, W. M., 1908. Studies on myrmecophiles, II: Hetaerius. *Journal of the New York Entomological Society*, **16**: 135-143.

Wilson, E. O. & R. W. Taylor, 1967. The ants of Polynesia (Hymenoptera: Formicidae). *Pacific Insects*, **14**: 1-109.

Wojcik, D. P., 1990. Behavioral interactions of fire ants and their parasites, predators and inquilines. *Applied Myrmecology: A World Perspective* (R. K. Vander Meer., K. Jaffe & A. Cedeño, eds.), Westview Press: 329-344.

World Health Organization., 1997. *Dengue haemorrhagic fever: diagnosis, treatment, prevention and control, 2nd edn*. WHO, Geneva.

山口進, 1988. 五麗蝶譜―シジミチョウとアリの共棲. 東京, 講談社.

山根正気, 1998. ベッコウバチ科・日本産ハチ目科名表. pp. 71 *in* 石井実・大谷剛・常喜豊 編, 日本動物大百科第10巻昆虫3. 東京, 平凡社.

山根正気, 1998. ギングチバチ科・日本産ハチ目科名表, pp. 72 *in* 石井実・大谷剛・常喜豊 編, 日本動物大百科第10巻昆虫3. 東京, 平凡社.

山根正気, 1999. ケラトリバチ属, pp. 508-509 *in* 山根正気・幾留秀一・寺山守 編, 南西諸島産有剣ハチ・アリ類検索図説. 北海道, 北海道大学図書刊行会.

山根正気・原田豊・江口克之, 2010. アリの生態と分類―南九州のアリの自然史. 鹿児島, 南方新社.

矢野真志, 2012. フサヒゲサシガメ. pp. 108 *in* まつやま自然環境調査会 編, レッドデータブックまつやま2012. 愛媛, 松山市.

Yashiro, T., K. Matsuura, B. Guénard, M. Terayama & R. R. Dunn, 2010. On the evolution of the species complex *Pachycondyla chinensis* (Hymenoptera: Formicidae: Ponerinae), including the origin of its invasive form and description of a new species. *Zootaxa*, **2685**: 39-50.

安富和男, 1995. へんな虫はすごい虫. 東京. 講談社.